명랑쌤의 비법 고기&해물 일품요리로
외식보다 더 다채로운 집밥을 준비해볼까요?

KB019402

맛있는 요리를 만드는 레시피가 있는 것처럼 웃음, 힐링, 성장을 만드는 레시피도 있을까요?
레시피팩토리는 모호함으로 가득한 이 세상에서 당신의 작은 행복을 위한 간결한 레시피가 되겠습니다.

외식보다 다채로운 집밥

명랑쌤 비법
고기&해물
일품요리

"좋은 식재료와 제철 재료를 이용해서 정확하고 검증된 레시피 그대로
정성 들여 요리하면 그것이 최고의 집밥이 아닐까요?"

명랑쌤 비법 요리책 4탄,
외식보다 더 다채로운 집밥을 만들 수 있는 고기와 해물 요리의 비법을 담았습니다

맛있는 음식에 대한 정보가 홍수처럼 밀려 오는 요즘, 먹는 것이 온 국민의 화두가 된 듯 합니다.
편의점 간편식, 대형마트의 밀키트 음식에 이미 익숙하고, 주말이면 너 나 할 것 없이 맛집을 찾아 다니지요.
하지만 정말 건강하고 맛있는 음식인가 의문이 들 때가 많아요. 여기저기서 맛집이라고 소개된 음식점들을
방문해 보면, 진한 양념과 조미료에 범벅된 요리들이 많고, 딱 보기에도 건강하지 않게 조리된 음식들을 사람들은
맛있다고 좋아들 하는 것을 보면서 안타까운 마음이 많이 들어요. 물론 건강하게 좋은 식재료로 잘 만들어
판매하는 곳도 종종 있기는 하지만 워낙 많은 음식점 중 그런 곳을 찾기가 사실 쉽지는 않아요.

외식에 의존하기보다는 고심해서 고른 좋은 식재료와 제철 재료를 이용해서 정확하고 기본 이상의 맛이 나는
검증된 레시피 그대로 정성 들여 요리를 하면 그것이 최고의 집밥이 아닐까요? 조금 번거롭기는 하지만
스스로 만들어 먹는 맛있고 건강한 식사야말로 100세 시대를 살아가야 하는 현대인들에게 의미 있고 바람직한
일이라고 생각해요.

'선식치 후약치(先食治 後藥治)'라고 하죠. 음식으로 먼저 치유하고 후에 약으로 치료하라는 말이 있을 정도로
음식은 곧 건강을 유지하는데 큰 도움이 되는 약이라고 생각합니다.

앞서 출간했던 밑반찬, 국물요리, 한그릇 밥과 면 요리부터 이번에 나오는 고기와 해물 일품요리까지, 차근차근
따라하면서 여러분들의 밥상이 조금 더 건강하고 풍요로워지기를, 음식으로 행복과 건강을 느낄 수 있기를
바라는 마음으로 쿠킹 클래스 수업에서 인기 있던 메뉴들을 엄선, 조금 더 따라하기 쉽게 요약해 이 책에 담았어요.

우리 몸의 구조 근육과 뼈를 유지하며 온갖 기능을 담당하는 단백질, 특히 양질의 단백질은 수명 연장으로
더욱 더 중요해졌어요. 이 책에서는 가공육보다는 고단백, 저지방 부위로 효율적으로 단백질을 섭취할 수 있는
다양하고 건강한 조리법을 소개하고 있습니다. 어느 요리든지 과하게 먹으면 독이 됩니다. 맛있는 고기 요리,
해물 요리를 기호에 맞게 조리해서 적당히 섭취하는 것은 우리 몸에도 유용하며 삶의 만족도와 질을 높여줄 거예요.

이 책을 만나는 여러분들 모두 건강하고 행복한 삶이 되길 바랍니다. 명랑쌤 비법 요리책 시리즈의
네 번째 책을 만드는데 묵묵히 힘을 보태준 레시피팩토리 식구들, 그 외 애정 어린 관심과 응원을 보내준
많은 분들께 감사드립니다.

2024년 2월 ——————————————————————————— 명랑쌤 이혜원

Basic Guide - 고기&해물 요리를 더 맛있게 만들기 위한

명랑쌤 비법 레슨

Part 01

손님 초대, 명절에 대접하기 좋은

쇠고기 요리

Part 02

냉채, 찜, 볶음, 구이 등 다양한 조리법으로 맛을 낸

돼지고기 요리

이럴 때는 이 메뉴 아이콘
★ 매콤해서 더 맛있는 요리 ★ 손님상에 올리기 좋은 폼나는 요리 ★ 어르신들도 먹기 좋은 부드러운 요리 ★ 아이들이 특히 좋아하는 요리

Basic Guide -

고기&해물 요리를
더 맛있게 만들기 위한

명랑쌤
비법 레슨

재료를 잘 알면 요리가 한층 재미있고 쉬워지지요.
육류나 해물은 신선도가 가장 중요하지만
어떤 부위를 구입해서 어떻게 조리하느냐에 따라
맛도, 식감도 많이 달라집니다. 쇠고기, 돼지고기, 닭고기는
부위별 특징도 소개하니 용도와 메뉴에 맞게 선택하세요.
해물은 제철인 것을 고르는 것이 제일 맛있어요.
일품요리 맛내기에 빼놓을 수 없는 양념과 소스, 요리에
곁들여 입맛을 돋우는 간단 반찬도 활용해 더 맛있고,
더 다양한 집밥을 완성하세요.

요리가 더 맛있어지는 고기&해물 가이드

맛있는 요리는 좋은 재료 선별에서부터 시작됩니다. 신선도가 가장 중요한 고기와 해물은 먹을 만큼 소량으로 구입하는 것이
제일 좋지만, 한 달 이내에 사용한다면 한꺼번에 구입해 소분해서 냉동 보관하는 것도 가능해요. 고르기와 보관하기부터 부위별 특징,
조리법까지 고기&해물 요리에 필요한 기본 지식들을 자세하게 알려드려요.

1 ─── 고르기와 보관하기

쇠고기

쇠고기는 선홍색이나 밝고 붉은빛을 띠며 윤기가 나는
것을 고른다. 냉동 상태에서는 색이 더 붉고 진하지만
해동을 하면 본래의 밝은색으로 돌아온다. 쇠고기를
선택할 때는 지방의 분포 정도(마블링)인 '육질등급'을
확인해야 하는데, 1++에 가까울수록 육질이 부드럽고
풍미가 좋으며, 지방이 흰색일수록 더 신선한 것이다.
육류의 경우 3~5일 정도 김치냉장고에서 보관을 하고
그 이후 요리를 할 경우 구입 후 바로 소분해서 냉동
보관한다.

돼지고기

돼지고기 역시 쇠고기와 마찬가지로 색이 중요하다.
돼지고기의 색은 분홍색에 가까우며, 진한 암적색이
나는 돼지고기는 늙은 돼지에서 생산되었거나 오래
보관된 고기일 수 있다. 또한 지방 색이 희고 만졌을 때
단단해야 육질이 연하고 향이 좋다. 지방이 지나치게
무르거나 노란색을 띠는 것은 피한다.

닭고기

닭고기는 육안으로 봤을 때 담황색을 띠고 윤기가 돌며
육질이 탄력 있는 것이 좋다. 껍질은 크림색으로 윤기가
돌고 털 구멍이 올록볼록하게 튀어나온 것이 신선하다.
눌러 봤을 때 촉촉한 정도의 수분이 느껴지고 살이 두툼해
폭신한 느낌을 주는 것을 고른다. 축산물 품질 평가원에서
등급 표시를 하는데, 판정일(날짜), 작업장 코드, 등급
등이 표시되어 판매하므로 되도록 날짜를 잘 확인하고
최근 날짜와 가까운 것을 요리의 용도에 맞게 구입한다.

해물

해물은 신선도가 특히 더 중요하다. 일반적으로 생선의
경우 눈이 외부로 돌출하고 투명한 것이 신선하다. 선도가
떨어질수록 눈이 탁하고 살속으로 눈이 들어가 있다.
표면은 광택이 있고 색이 선명한 것, 아가미의 색이
선명하고 적색이며 냄새가 나지 않고 점액질이 많지 않은
것, 복부가 탄력성이 있어 팽팽한 것, 불쾌한 냄새가 나지
않는 것을 구입한다. 냉동 생선의 경우 단단히 얼어 있는
것을 구입하고 조리할 때까지 계속 냉동 상태로
보관해야 한다.
냉장 상태의 생선류는 2~3일 안에 조리해야 하고
냉동은 영하 18℃ 이하에 보관된 것이라도 6개월 이상
저장하지 않는다.

2 ─── 냄새 제거하기

육류는 청주, 와인, 맛술 등을 넣어 알코올이 증발하는
과정에서 육류의 냄새를 함께 증발시켜 제거하는 방법과
향신채소류(파, 마늘, 생강, 양파) 등을 이용해서 같이
조리하여 냄새를 제거하는 방법이 있다. 해물은 청주,
맛술 등으로 냄새를 제거할 수 있다.

3 ─── 연육하기

육류는 도살 후 더 단단해지는 사후경직 상태가 되는데,
사후경직이 해제되고 숙성이 완료되는 기간은
소의 경우 4~7℃에서 7~10일, 2℃에서 약 2주일,
돼지의 경우 2~3일, 조류나 가금류(오리, 닭, 칠면조 등)의
경우 4~5시간 정도 걸린다. 숙성은 효소반응과 단백질
변성에 의해 진행되므로 숙성 온도를 올리면 숙성 속도는
좀 더 빨라진다. 그러나 미생물이 번식해 좋지 않은
냄새가 날 수 있으므로 모든 육류의 숙성은 저온에서
하는 것이 바람직하다.
육류의 연육은 첫 번째, 결 반대로 칼집을 넣거나 잘게
썰어 부드럽게 만들 수 있다. 두 번째, 물과 열을 이용해
익히는 방법인데, 이때 간장이나 소금을 물의 1.5% 정도
넣고 가열하면 연육작용을 돕는다. 그러나 5% 이상의
염분을 넣을 경우 탈수 작용을 일으켜 고기가 더 질겨
진다. 또한 물을 넣어 조리할 경우 은근히 오래 익히면
연육작용에 도움이 된다. 세 번째, 효소에 의한 방법으로
파인애플, 키위, 파파야, 무화과 등 열대과일에 함유되어
있는 단백질 분해 효소가 육류의 연육작용을 돕는다.
하지만 열대과일의 효소성분은 육류의 단백질 분해
효과가 매우 크기 때문에 사용하는 양에 주의해야 하고
시간이 너무 길어도 안 된다. 한식의 경우 육류의 연육에
배와 무를 많이 이용한다.

쇠고기 부위별 특징과 조리법

쇠고기는 가격이 비싼 단점이 있어 돼지고기나 닭고기처럼 활용이 쉽지 않지만 특유의 육즙과 식감, 맛은
단연 뛰어나죠. 부위도 세분화되어 있어 요리 메뉴에 따라 잘 선택하는 것이 중요해요.

육회용

사태(아롱사태)

불고기용

더짐육

육전용

LA갈비

차돌박이

등심

사태 —— 결이 곱고 결합조직이 발달되어
쫄깃한 식감이 있다. 사태 부위에서 가장 큰
근육을 아롱사태라고 하는데, 구이, 육회,
물에 오래 삶는 스튜, 찜, 수육 등에 적합하다.

불고기용 —— 기름기가 많지 않은 우둔,
설도, 앞다리 등의 부위가 많이 사용된다.
얇게 썰어 다용도로 이용하기 좋다.

육전용 —— 등심, 부채살, 홍두깨살 등
다양한 부위를 사용할 수 있다. 핏물이 많이
배어나지 않으면서 너무 얇지 않은 2~3mm
정도가 적당하다.

차돌박이 —— 살코기 속에 하얀 지방이
박혀있는 부위로, 마블링이 고루 분포될수록
풍미가 뛰어나다. 쫀득하고 꼬들꼬들한 씹는
맛이 특히 좋다. 구이에 가장 적합하다.

등심 —— 등심은 근육결이 가늘고 부드러우며
마블링이 고루 분포될수록 풍미가 좋다.
채끝은 등심과 안심 사이의 식감과 풍미를
지녔다. 지방이 적고 육질이 부드러워 주로
스테이크, 로스구이로 이용한다.

LA갈비 —— 갈비뼈를 중심으로 근육조직과
지방조직이 3중으로 형성되어 있어 기름지고
독특한 풍미를 지녔다. 찜, 탕, 구이로 적합하다.

다짐육 —— 설깃, 도가니살, 보섭살로
구성되어 있는 설도를 많이 이용하며,
보섭살은 채끝과 연결되는 부분으로 풍미가
좋아 스테이크로도 적합하다.

육회용 —— 앞다리 부위인 꾸리살, 우둔의
한 종류인 홍두깨살 등이 적합하다.
우둔은 둥근 모양의 살코기로 지방이 적고
근육막이 적어 연한 편이다.

돼지고기 부위별 특징과 조리법

가성비가 뛰어난 육류 중 하나로, 부드러워 남녀노소 누구나 즐기기 좋은 것이 바로 돼지고기입니다.
한식에서는 찜이나 구이로, 중식에서는 튀김으로 많이 활용해요.

목살(목심) —— 가장 돼지고기다운 맛을 가진
부위로 근육 사이에 지방이 들어 있어
풍미가 좋다. 부드러워 구이로도 좋고 수육에도
많이 사용한다.

삼겹살 —— 갈비를 떼어낸 부분에서
복부까지의 넓고 납작한 모양의 부위로,
근육과 지방이 세 겹의 막을 형성하고 있다.
통삼겹살은 두툼한 두께 덕분에
일반 삼겹살에 비해 식감과 육즙이 뛰어나다.
오븐에 구우면 겉은 바삭하고 속은 촉촉한
식감의 요리가 가능하다. 대패삼겹살은 얇게
썰기 때문에 일반 삼겹살에 비해 식감이
부드럽고 누린내가 적으며, 가격이 저렴하다.
구이 찜 등에 많이 사용한다.

등심 —— 표피 쪽에 두터운 지방층이 덮인
근육으로, 고기결이 고우며 부드럽고 맛이
담백하다. 잡채나 돈가스, 장조림, 스테이크
등에 많이 이용한다. 돈가스용은 두툼하게 썰어
조리용 망치로 두드리면 부드러워진다.

다짐육 —— 주로 기름이 많지 않은
앞다릿살이나 뒷다릿살을 이용하기 때문에
가격도 저렴한 편이다.

등갈비 —— 옆구리 첫 번째부터 다섯 번째
늑골 부위를 말하며, 지방이 들어 있어 풍미가
좋다. 양념을 발라 굽는 바비큐나 숯불구이,
장시간 푹 삶는 찜 요리에 적합하다.

불고기용 —— 다양한 부위로 활용할 수 있으며
얇게 썰어 사용해야 돼지고기 특유의 부드러운
식감을 느낄 수 있다. 앞다리에 비해 뒷다리가
더 저렴하다.

앞다릿살 —— 살집이 두텁고 지방이 적어
담백하다. 햄이나 소시지 등의 육가공 제품의
원재료로 이용된다. 제육볶음, 불고기, 찌개,
수육 등에 사용해도 좋다.

대패삼겹살

목살

통목살

불고기용

등심

통삼겹살

다짐육

등갈비

닭고기 부위별 특징과 조리법

우리나라에서는 가금류 중 닭고기를 가장 많이 이용해요. 육질이 부드럽고 가격이 저렴한 것은 물론
조리법도 다양한 장점이 있어요. 중국요리에서도 많이 사용합니다.

안심

가슴살

다릿살

닭봉

정육

가슴살 —— 근육섬유로만 되어 있어 색이
희고 지방이 적어 담백한 맛을 지녔다.
최근 대표적인 다이어트 식품으로 각광받고
있다. 열에 너무 오래 익히면 퍽퍽해지므로
주의한다. 냉채, 무침, 샐러드 등에 이용하며
조림, 볶음 등의 요리에도 적합하다.

다릿살 —— 통다리, 넓적다리, 북채까지
해당하는데, 운동을 많이 해서 탄력이 있고
육질이 단단하며 색이 짙다. 닭다리 껍질에는
지방이 많이 분포되어 있어 바비큐, 구이, 찜
등과 같이 기름이 나오면서 윤기가 나는
요리에 알맞다. 다리의 살만 발라 낸 정육은
닭갈비 등에 많이 활용한다.

정육 —— 닭다리에서 뼈를 발라낸 살코기를
정육이라고 부른다. 부드럽고 촉촉해서 닭갈비,
조림, 구이 등에 두루 활용할 수 있다.

닭봉 —— 닭의 날개와 몸통 사이에 있는
부분으로, 날개에 더 가까워 닭날개에 포함된다.
콜라겐 성분이 많아 육질이 부드럽고 쫄깃하다.
익혀도 부드러운 부위로 튀김이나 조림 등에
활용하면 간이 쏙쏙 잘 밴다. 닭날개 중
윙 부위는 튀김 요리에 많이 이용하며,
날개 끝에 펙틴을 많이 함유하고 있어 국물을
우려내는 데 사용해도 좋다.

안심 —— 지방 함량이 매우 낮은 고단백
저칼로리 부위로, 닭가슴살과 마찬가지로
근육섬유로만 되어 있어 색이 희고 담백한
맛을 지녔다. 닭가슴살에 비해 훨씬 부드럽다.
튀김이나 볶음, 찜, 샐러드나 냉채에 적합하다.
단 너무 오래 익히면 퍽퍽해지기 쉬우므로
주의한다.

해산물 종류별 특징과 조리법

해산물은 종류가 많지만 제철에 나는 것을 고르면 맛과 영양이 더 뛰어나죠. 여기서는 책에서, 요리 수업에서 두루두루 많이 사용하는 종류들을 골랐어요. 이외에 다양한 해산물로도 응용 가능해요.

연어 —— 수입되는 연어는 캐나다산이나 러시아산이 대부분으로, 횟감이나 훈제, 구이, 샐러드로 인기가 많다. 연어는 살이 많고 지방 또한 상당해 특유의 고소한 맛이 일품이다. 비린내가 단점이지만 레몬이나 양파, 케이퍼 등을 곁들여 먹으면 많이 줄어든다.

참치(타타키용) —— 타타키용 참치는 네모반듯한 모양이 좋은데, 냉동 상태의 참치를 재빨리 조리해야 녹지 않고 예쁜 모양으로 썰 수 있다. 일반 마트, 온라인몰에서 구입할 수 있다.

장어 —— 구이용, 조림용으로는 kg당 3마리 크기가 적당하다. 큰 장어는 살이 질겨 구이에는 적합하지 않다. 장어뼈는 바싹 튀겨 안주로 먹기도 하고 국물용으로도 사용한다.

오징어 —— 수확량이 줄면서 예전에 비해 가격이 많이 비싸진 해물 중 하나이다. 겨울철 오징어가 가장 맛있고, 칼로리가 낮아 다이어트 식품으로도 인기가 높다. 살짝 데쳐서 먹거나 찜, 구이, 탕, 찌개 등 다양하게 활용한다.

전복 —— '바다의 황제'라고 불릴 만큼 영양이 풍부하다. 최근에는 가격이 많이 저렴해져서 다양한 해물요리에 활용한다. 그대로 먹거나 냉채, 찜, 구이 등에도 좋다. 냉채용으로는 kg당 6~8마리 크기가 적당하다.

염장 해파리 —— 염장 해파리는 당겼을 때 탱글탱글한 것을 고른다. 1년 이상 냉장 보관이 가능하며, 물에 담가 소금기를 빼고 끓는 물에 데친 후 양념에 재우는 과정이 필요하다.

낙지 —— 지방 성분이 거의 없고 타우린, 무기질과 아미노산이 풍부하다. 설탕으로 비벼 씻으면 빨판의 이물질을 깨끗하게 손질할 수 있고 연육작용도 돕는다. 삶는 것 보다는 물에 찌듯이 데치는 것이 맛이 덜 빠지고 부드럽다.

연어

낙지

타타키용 참치

염장 해파리

전복

오징어

장어

Q&A ## 명랑쌤! 이럴 때 어떻게 해야 하나요?

Q 요리하고 남은 고기나 해물의 냉동법과 해동법을 알려주세요.

A 고기나 해물은 먹을 만큼 소량으로 구입하는 것이 제일 좋지만, 남았다면 공기와 접촉하지 않게 1회 분량씩 랩으로 싸서 지퍼백에 담아 냉동하세요. 냉동실 안에서도 수분이 증발하고 세균이 번식하기 때문에 오래 놔두면 맛이 떨어지고 냄새가 나요. 위생상으로도 좋지 않고요. 한 달 안에 소비하는 것이 가장 바람직하고, 6개월 이상된 고기와 해물은 버리는 것이 좋아요. 해동할 때는 하루 전날 냉장실에서 자연 해동하는 것이 가장 좋은데, 큰 덩어리일 경우나 시간이 없다면 전자레인지의 해동 기능으로 녹여도 돼요. 해산물의 경우 물이 들어가지 않게 랩핑해서 미지근한 물에 담가 해동해도 돼요.

Q 여러 종류의 전분이 있는데, 명랑쌤은 어떤 전분을 사용하세요?

A 전분이 들어가는 모든 요리에 감자전분을 사용해요. 시중에 판매하는 감자맛전분은 밀가루 등의 다른 성분이 섞여 있으므로 100% 감자전분을 구입하세요. 업장에서는 옥수수전분을 주로 사용하는데, 유전자변형으로 키운 옥수수를 가공해 만들기 때문에 가격이 제일 저렴해요. 감자전분을 사용하면 튀김옷의 바삭함이 오래 유지되고, 소스가 투명해요. 옥수수전분을 넣은 소스는 약간 탁한 느낌이 나요. 고구마전분은 요리보다는 국수, 냉면 등의 원료로 많이 사용해요.

Q 고기를 부드럽게 하는 사이다와 콜라, 차이점이 있나요?

A 사이다와 콜라는 둘 다 고기의 연육작용은 물론 핏물 제거, 누린내 제거 효과가 탁월해요. 부드러운 단맛도 내고요. 양념의 색이 진한 고기 요리는 사이다, 콜라 아무거나 사용해도 되지만, 돈가스처럼 색이 겉으로 묻어 나올 수 있는 요리는 사이다를 사용하는 것이 좋아요. 사이다는 핏물이 빠진 정도도 쉽게 확인할 수 있어요. 집에서는 사이다나 콜라대신 양파나 사과 간 것을 사용해도 돼요.

Q 화이트와인 대신 레드와인, 청주 대신 소주를 사용해도 되나요?

A 고기나 해물의 누린내, 비린내 등의 냄새 제거에 술을 많이 사용하는데, 술의 알코올 성분과 재료의 안좋은 냄새가 함께 휘발돼요. 화이트와인, 레드와인은 사이다, 콜라와 마찬가지로, 고기 색이 요리에 그대로 드러나는 경우나 닭고기, 해물 요리에는 화이트와인을, 양념 색이 진한 요리나 쇠고기, 돼지고기 요리에는 레드와인을 주로 사용해요. 또한 한식이나 일식, 중식보다는 양식에 잘 어울리고요. 요리에 사용하는 와인은 마트에서 판매하는 저렴한 것을 구입하면 되는데, 너무 달지 않은 게 좋아요. 와인 대신 청주나 소주, 청주 대신 소주를 사용해도 되는데, 가정용이라면 화학주인 소주보다 발효시킨 곡주인 청주를 추천해요. 소주는 알코올 성분이 강해서 요리에 쓴맛이 남는 경우가 많아요. 술 이외에 파, 마늘, 생강, 양파 등의 향신채소류나 된장, 커피, 사이다, 콜라 등도 사용해요.

Q 양념 고기를 타지 않게 잘 굽는 방법을 알려주세요.

A 양념한 고기를 타지 않게 굽는 포인트는 불조절이에요. 중약 불~중간 불 정도에서 굽는데, 고기는 중간중간 자주 뒤집어주고 남은 양념을 조금씩 부어주세요. 뒤집개를 이용해 살짝 눌러주는 것도 좋아요. 양념한 고기가 아니더라도 버터에 구우면 쉽게 타는데, 이때는 올리브오일과 버터를 반반씩 사용하면 풍미는 그대로 유지되면서 타는 것을 줄일 수 있어요.

Q 튀김은 꼭 두 번 튀겨야 바삭하나요?

A 불린 녹말물을 튀김옷으로 사용하면 수분이 많아 두 번 튀겨 수분을 날리기도 해요. 녹말가루만 묻혀 튀기면 수분이 많지 않아서 한 번만 튀겨도 바삭하고요. 튀긴 후 소스를 끼얹는 탕수육은 바삭하게 튀겨야 덜 눅눅해지기 때문에 두 번 튀겨요. 칠리새우 등의 해물은 두 번 튀기면 질겨져서 한 번으로도 충분해요. 재료나 튀김옷에 따라 튀기는 횟수를 조절하세요.

Q 일품요리를 완성하는 고명, 어떤 걸 올리면 되나요?

A 요리마다 조금씩 달라요. 한식에서는 통깨나 쏭쏭 썬 쪽파를 주로 사용하고, 양식에서는 치즈가루, 곱게 다진 파슬리가루나 건 파슬리가루, 일식에서는 송송 썬 쪽파, 고운 가츠오부시, 시치미가루, 중식에서는 생강채나 대파채 등을 올려요. 고명은 잘 올리면 요리가 돋보이지만 어울리지 않는 재료를 올리면 오히려 어색하니 주의해야 해요.

Q 해물도 제철이 제일 맛있다는데, 제철 해물을 알려주세요.

A 봄에는 꽃게(암게), 모시조개, 바지락, 주꾸미, 여름에는 미더덕, 소라, 오징어, 장어, 민어, 병어, 우럭, 가을에는 꽃게(수게), 대하, 전복, 고등어, 전어, 꽁치, 겨울에는 굴, 꼬막, 피조개, 낙지, 가자미, 갈치, 삼치, 명태, 도미, 방어, 아귀, 홍합과 다시마, 미역, 김 등의 해조류가 맛있고 영양도 풍부해요.

일품요리를 더 완벽하게 해주는 양념과 소스들

일품요리는 반찬이나 국, 찌개에 비해 양념과 소스를 많이 사용해요. 양념과 소스는 요리의 폭을 넓혀주고 맛을 풍성하게 내는데
도움을 주기 때문에 다양한 요리를 위해서는 몇 가지 구비해 두는 것이 좋답니다. 대체 재료들도 함께 소개해요.

우스터소스

채소, 향신료를 삶은 국물에 식초, 설탕,
앤초비, 정향 등을 넣고 숙성시킨 영국 소스예요.
여러 가지 향신 재료의 농축된 맛이 나는데,
우리나라의 간장처럼 서양 요리에 다양하게
사용할 수 있어요. 특히 육류의 누린내를
잡는데 효과적이에요. 책에서는 함박스테이크(54쪽),
돈가스(84쪽), 바비큐 백립(92쪽)에 활용했어요.

스테이크소스

우스터소스처럼 서양 요리에 간장처럼
쓰이지만 향신료의 맛과 향이 우스터소스에 비해
훨씬 진해요. 책에서는 돼지 목살스테이크(78쪽),
바비큐 백립(92쪽)에 활용했어요.
스테이크소스와 비슷한 바비큐소스는 흑설탕,
특유의 훈제 향이 특징이에요. 스테이크소스,
돈가스소스로 대체할 수 있지만 맛은 조금 달라질
수 있어요. 책에서는 통삼겹 오븐구이(90쪽),
바비큐백립(92쪽)에 활용했어요.

돈가스소스

우스터소스 베이스에 단맛을 가미한 것이
돈가스소스예요. 일본 요리에 두루 사용하며
새콤달콤한 감칠맛을 내주는 역할을 하죠.
모든 튀김요리에 잘 어울려요. 책에서는 비프
롤가스(52쪽), 돈가스(84쪽)에 활용했어요.

참치액

참치, 다시마, 양파, 멸치, 버섯 등을
국간장의 염도로 발효시킨 장이에요.
브랜드에 따라 훈연 향이나 인공첨가물이 다르니
구매 시 확인하세요. 시판 제품 중에는
'진참치액'이 MSG가 없고 풍미가 은은해
즐겨 쓰고 있어요. 덮밥이나 면 요리, 국물 간을
맞출 때 마지막에 넣어주면 깊은 맛이 나요.

굴소스

굴을 소금에 절여 발효시킨 중국식
피시소스예요. 달콤짭짤한 맛과 감칠맛이 도는
특유의 풍미로 볶음요리에서 맛을 정리해주는

용도로 많이 쓰이지요. 간장보다 짠맛이 강해
적은 양을 사용해도 충분해요. 책에서는
오이탕탕이(20쪽), 함박스테이크(54쪽),
안동 찜닭(104쪽), 간장 닭다리살조림(110쪽),
유린기(114쪽)에 활용했는데 단독으로 쓰기보다는
다른 소스에 섞어 사용하면 맛이 훨씬 풍부해져요.

파인애플식초

파인애플의 맛과 향이 가미된 식초로, 소스나
드레싱에 넣으면 맛과 향을 풍부하게 해요.
일반 양조식초와 산도가 비슷해서 동량으로
대체 가능해요. 책에서는 닭안심 오븐구이(120쪽),
낙지 돗나물샐러드(136쪽)에 활용했어요.

파인애플주스

육류를 부드럽게 하는 효소가 들어 있고
산미가 강해 소스, 드레싱에 사용하면 새콤달콤한
맛을 내줘요. 농도 조절에도 사용해요.
동량의 사과주스나 배주스로 대체 가능한데,
배주스는 맛이 약간 밍밍할 수 있어요. 쇠고기 등심
양념구이(44쪽), 돼지고기 냉채샐러드(60쪽)에
활용했어요.

머스터드

겨자의 열매나 씨로 만든 매운 맛이 나는
향신료로, 주로 서양 요리 중에서 고기 요리나
소시지 등에 곁들여 먹어요. 동량의 연겨자나
와사비로 대체 가능하지만 맵기나 맛이
조금 달라질 수 있어요. 치킨샐러드(116쪽),
닭안심 오븐구이(120쪽)에 활용했어요.

홀그레인 머스터드

겨자씨를 거칠게 부수어 식초와 향신료를
첨가해 만든 머스터드로, 톡톡 씹히는 알갱이의
식감이 좋고 머스터드에 비해 맛이 부드러워요.
함박스테이크(54쪽), 돈가스(84쪽),
닭안심 오븐구이(120쪽), 참치회 타타키(146쪽)에
활용했어요.

미리 만들어두면
요리가 한결 편해지는
3가지

와사비

매콤하고 알싸한 맛이 나는 재료로 특히
생선회나 생선초밥을 먹을 때 간장과 함께
많이 곁들이죠. 책에서는 무&오이 와사비절임
(22쪽), 차돌박이구이(48쪽), 훈제오리(122쪽),
전복물회(134쪽), 참치회 타타키(146쪽)
에 활용했어요.

연겨자

겨자의 씨를 갈아 만든 가루에 울금을 넣어 만든
재료로, 와사비와는 또 다른 톡 쏘는 매콤함이
특징이에요. 책에서는 육전(34쪽), 쇠고기 등심
양념구이(44쪽), 대패삼겹살(62쪽), 닭가슴살
냉채(96쪽), 닭무침(98쪽), 훈제오리(122쪽),
해파리 새우냉채(126쪽), 전복 수삼냉채(132쪽),
장어구이(150쪽)에 활용했어요.

양파가루

양파를 건조시켜 분말로 만든 것으로, 튀김옷이나
오븐에 굽는 요리에 사용하면 천연조미료
역할을 해서 풍미가 좋아져요. 동량의 마늘가루로
대체 가능해요. 간장 닭다리살조림(110쪽),
치킨샐러드(116쪽), 닭안심 오븐구이(120쪽),
참치회 타타키(146쪽)에 활용했어요.

카레가루

톡 쏘는 조미료 역할을 하면서 이국적인 맛을
내줘요. 피클주스나 동남아풍 샐러드 드레싱에
소량 넣으면 풍미가 달라져요. 브랜드에 상관 없이
사용 가능해요. 책에서는 돼지 꼬치구이(76쪽),
춘천 닭갈비(100쪽)에 활용했어요.

스테이크시즈닝

서양의 향신료가 다양하게 들어가 있어 고기 밑간에
사용하면 풍부한 맛을 내요. 채소 볶음이나 간을
많이 하지 않는 요리에 넣어도 좋아요. 허브솔트로
대체 가능해요. 쇠고기 스테이크(42쪽),
돼지 목살스테이크(78쪽), 통삼겹 오븐구이(90쪽),
토마토소스 닭다리조림(106쪽), 닭안심 오븐구이
(120쪽), 참치회 타타키(146쪽)에 활용했어요.

맛간장

완성 후 2.5~3ℓ / 냉장 1개월

양조간장 10컵(2ℓ), 맛술 1컵(200㎖), 청주 1컵(200㎖),
설탕 3과 1/3컵(500g), 대파(흰 부분) 20cm,
마늘 10쪽(편으로 썰어두기), 편 썬 생강 2조각, 건표고버섯 2개,
건고추 2개, 사과 1개(200g), 레몬 1개(100g)

1 냄비에 모든 재료를 넣고 센 불에서 끓어오르면
   아주 약한 불로 줄여 35~40분간 끓인 후
   완전히 차게 식힌다.
2 재료를 체에 걸러서 간장물만 따라낸 후
   밀폐용기에 담는다.

다시마국물

완성 후 4와 1/2컵(900㎖) / 냉장 2~3일, 냉동 1개월

다시마(10×10cm 크기) 1~2장, 물 5컵(1ℓ)

1 물에 다시마를 넣어 하룻밤 우린다.
2 그대로 냄비에 넣고 약한 불에서 끓어오르면 다시마는
   바로 건진다. 다시 한 번 끓어오르면 불을 끄고 식힌다.

고추기름

완성 후 4컵(800㎖) / 냉장 2개월

고춧가루 1컵, 포도씨유 5컵(1ℓ),
양파 1/4개, 대파(흰 부분) 20cm,
마늘 4쪽, 편 썬 생강 4조각

1 양파, 대파, 마늘, 생강은 얇게 채 썬다.
2 냄비에 포도씨유, ①의 재료를 넣고
   약한 불에서 채소가 갈색이 날 때까지
   자글자글 끓인다.
3 불을 끄고 고춧가루를 넣는다.
   * 매운 맛을 선호하면 고춧가루를 더 넣어도 좋아요.
4 뚜껑을 덮고 1시간 정도 그대로 둔다.
5 기름이 차게 식으면 키친타월을 받친 후
   재료를 부어 고추기름만 따른다.
   밀폐용기에 넣고 냉장보관하며 사용한다.

한식, 중식, 일식, 양식에 어울리는
곁들임 간단 반찬 8가지

일품요리는 그 자체만으로도 맛있지만 반찬을 곁들이면 한층 더 풍성해집니다. 입안을 깔끔하게 해주기도 하고
입맛을 돋우기도 하지요. 한식, 중식, 일식, 양식에 어울리는 간단 반찬을 각각 2가지씩 소개합니다.

중식 **짜사이무침** ___ 2~3회분 / 냉장 3~4일

시판 짜사이 300g, 대파 10cm 1대, 양파 1/4개(50g)
무침 양념 고운고춧가루 1작은술, 설탕 1과 1/2큰술, 식초 1큰술,
간장 1/2큰술, 소금 약간, 고추기름 2큰술, 참기름 1큰술

1 짜사이는 냉수에 1시간 이상 담가 소금기를 뺀 후
 여러 번 헹군다.
2 면보 또는 음식탈수기로 수분을 최대한 제거한다.
3 대파, 양파는 얇게 채 썰어 냉수에 10분간 담갔다 건진 후
 수분을 제거한다.
4 고춧가루, 설탕, 식초, 간장, 소금을 넣고 버무린 후
 참기름, 고추기름을 넣고 섞는다.
 * 고추기름 만들기 19쪽 참조

중식 **오이탕탕이** ___ 2~3회분 / 냉장 2~3일

청오이 2개, 굵게 다진 마늘 1큰술
무침 양념 굴소스 1/2큰술, 간장 1/2큰술, 소금 약간,
설탕 1과 1/2큰술, 식초 1과 1/2큰술,
참기름 1큰술, 고추기름 1큰술, 깨 1큰술

1 오이를 길게 4등분으로 썬 후 씨부분을 살짝 도려내고
 비닐을 덮어 방망이로 두들긴다.
2 ①의 오이를 1~2cm 길이로 먹기 좋게 썬다.
3 볼에 무침 양념을 넣어 섞은 후 오이를 넣고 골고루 무친다.
 * 1시간 정도 지난 후 먹으면 간이 골고루 배어 맛있어요.
 * 고추기름 만들기 19쪽 참조

한식 **갈비집 무생채** ___ 3~4회분 / 냉장 7일

무 300g, 소금 2작은술, 설탕 2큰술, 식초 2큰술,
매실액 2큰술, 고운고춧가루 1큰술, 생강즙 1/2작은술

1 무는 10cm 길이로 굵게 채 썬 후
 소금, 설탕, 식초를 넣고 30분간 절인다.
2 절인 무는 체에 밭쳐 5분 이상 물기를 빼고
 매실액, 고춧가루, 생강즙을 넣고 골고루 섞는다.
 * 고운고춧가루를 사용하면 색이 예쁘게 잘 배요.
 없으면 일반 고춧가루를 사용해도 돼요.

한식 **쑥갓 부추무침** ___ 1~2회분 / 냉장 1일

쑥갓 100g, 부추 2줌(100g), 양파 1/3개(70g)
무침 양념 고춧가루 3큰술, 액젓 1큰술, 간장 1작은술,
매실액 2와 1/2큰술, 식초 1/2큰술, 참기름 1큰술, 깨 1큰술

1 쑥갓, 부추는 5~6cm 길이로 썬다.
2 양파는 얇게 채 썰어 냉수에 10~20분간 담가
 매운 맛을 뺀 후 수분을 제거한다.
3 재료에 양념을 하나씩 순서대로 넣어 살살 버무린다.
 * 버무려 바로 먹는 게 좋아요.

짜사이무침

오이탕탕이

갈비집 무생채

쑥갓 부추무침

당근라페

오이피클

무&오이 와사비절임

집에서 만드는 건강한 단무지

양식 **당근라페** ___ 2~3회분 / 냉장 2~3일

당근 1개(250g), 소금 1/2큰술
라페소스 사과식초 1큰술, 레몬즙 1큰술, 설탕 1과 1/2큰술,
홀그레인 머스터드 1작은술, 올리브오일 1/4컵(50㎖),
후춧가루 약간

1 당근은 6cm 길이로 굵게 채 썬다.
2 소금을 넣고 골고루 버무려 20분간 절인 후
    면보로 감싸 물기를 제거한다.
3 라페소스 재료를 넣고 골고루 섞는다.
4 용기에 담고 냉장실에서 2~3시간 숙성시킨다.

일식 **무&오이 와사비절임** ___ 4~5회분 / 냉장 7일

무 500g, 오이 150g.
와사비소스 소금 1큰술, 설탕 1/3컵,
2배 식초 2큰술, 와사비 2/3큰술

1 무, 오이는 길이 6cm, 폭 1.5cm, 두께 0.3cm로 썬다.
2 용기에 와사비소스 재료를 넣고 섞는다.
3 ①의 무, 오이를 넣고 골고루 버무린 후
    냉장실에서 2시간 정도 숙성시킨다.

양식 **오이피클** ___ 3~4회분 / 냉장 7일

오이 3개, 소금 1큰술
피클소스 물 1과 1/2컵(300㎖), 식초 3/4컵(150㎖),
설탕 3/4컵, 소금 1작은술, 피클링 스파이스 1작은술

1 냄비에 피클소스 재료를 넣고
    약한 불에서 끓어오르면 5분간 끓인 후 차갑게 식힌다.
2 오이는 0.3cm 두께로 썰어서
    소금(1큰술)에 30분간 절인다.
3 절인 오이를 냉수에 한 번 헹구고 체에 밭쳐
    수분을 제거한다.
4 ③의 오이를 용기에 넣고 피클주스를 붓는다.
    * 3시간 정도 지나면 간이 배어 맛있어요.

일식 **집에서 만드는 건강한 단무지** ___ 10회 이상 / 냉장 4주

무 2kg, 소금 80g
절임 양념 맛술 2와 1/2컵(500㎖), 설탕 1/4컵(50㎖),
식초 1/4컵(50㎖), 소금 2/3큰술, 다시마 10cm, 치자 3조각

1 무는 길이 15cm, 두께 5cm로 썰어
    소금에 버무린 후 누름돌로 눌러 10시간 절인다.
2 체에 밭쳐 수분을 제거한다.
3 냄비에 절임 양념을 넣고 센 불에서 끓어오르면
    1분간 끓인 후 차갑게 식힌다.
4 용기에 무, 절임 양념을 넣고 윗면에 누름돌을 눌러준 후
    냉장실에서 4~5일 숙성시킨다.

레시피 따라 하기 전에 알아두세요!

▌계량도구로 계량하기

1컵 = 200㎖

1작은술 = 5㎖

1큰술 = 15㎖

1큰술(15㎖)
= 1/2큰술 × 2
= 1작은술 × 3
= 밥숟가락 수북이 가득

1컵(200㎖)
= 종이컵 가득

재료	간장, 포도씨유 등 액체나 기름 재료	소금, 설탕 등 가루 재료	고추장, 된장 등 되직한 재료	콩, 견과류 등 알갱이 재료
계량컵	평평한 곳에 올린 후 가장자리가 넘치지 않을 정도로 담아요.	누르지 않고 가볍게 담은 후 윗부분을 평평하게 깎아요.	빈 공간이 없도록 가득 담은 후 윗부분을 평평하게 깎아요.	꾹꾹 눌러 가득 담은 후 윗부분을 깎아요.
계량스푼	가장자리가 넘치지 않을 정도로 담아요.			

[계량스푼으로 1/2큰술, 1/2작은술 계량하기]

 가루나 되직한 재료
1큰술 또는 1작은술을 담은 후 사진과 같이 한쪽으로 밀어 원하는 양만큼만 남깁니다.

 액체나 기름 재료
대부분의 계량스푼은 가운데에 선이 있어요. 이는 1/2분량을 나타내지요. 선의 기준으로 조정하세요.

▌손대중량·눈대중량으로 계량하기

양파 1개(중간 크기, 200g)

당근 1개(중간 크기, 200g)

양배추 1장(손바닥 크기, 30g)

깻잎 1장(손바닥 크기, 2g)

쪽파 1줌(50g)

부추 1줌(50g)

소금 약간(한 꼬집)

후춧가루 약간(가볍게
1~2회 가량 턴 분량)

[다진 채소 양 체크하기] 다진 채소 1큰술을 만들기 위해 원재료가 얼마나 필요한지 알아두면 요리할 때 편해요.

대파 5cm(흰 부분, 10g)
= 다진 파 1큰술

마늘 2쪽(10g)
= 다진 마늘 1큰술

생강 2톨(마늘 크기 기준, 10g)
= 다진 생강 1큰술

양파 1/20개(10g)
= 다진 양파 1큰술

▌불 세기 맞추기

가스레인지를 기준으로 불꽃과 냄비(팬) 바닥 사이의 간격을
기준으로 조절해요. 단, 집집마다 종류나 화력이 다를 수 있으니
상태를 보며 조절하세요.

불꽃과 냄비(팬) 사이의
간격이 중요해요.

센   불 불꽃이 냄비 바닥까지 충분히 닿는 정도
중간 불 불꽃과 냄비 바닥 사이에 0.5cm 가량의 틈이 있는 정도
중약 불 약한 불과 중간 불의 사이
약한 불 불꽃과 냄비 바닥 사이에 1cm 가량의 틈이 있는 정도

▌인분수 조절하기

재료 원하는 분량에 비례하여 양을 줄이거나, 늘리세요.

양념 원하는 분량에 비례하여 양념, 물의 양을 조절하면
싱겁거나 짤 수 있어요. 조리도구에 묻는 양념 양이나
불 조리시 증발되는 수분량이 거의 비슷하기 때문이지요.

반으로 줄일 때는 양념을 반으로 줄인 것보다
조금 더 넣어야 싱겁지 않고 간이 맞아요.
늘릴 때는 양념을 늘린 것보다 조금 덜 넣어야 짜지 않고
간이 맞지요. 단, 양념 종류에 따라 차이가 있으니 반드시
맛을 보며 조절하세요.

불 세기와 조리시간 분량이 줄거나 늘어도 불 세기는 동일해요.
조리시간은 분량에 따라 줄이거나 늘려야 해요.
단, 비례하여 줄이거나 늘리면 요리에 실패할 수 있으니,
조리되는 상태를 보며 조절하세요.

손님 초대, 명절에 대접하기 좋은

쇠고기
요리

손님 초대나 명절 상차림에 빼놓을 수 없는 게
바로 쇠고기 요리지요. 쇠고기는 육류 중
가격이 제일 비싸지만 그만큼 육즙과 식감이 풍부해
쇠고기 자체의 맛을 살릴 수 있는 조리법으로
요리하는 것을 추천합니다.
핏물 제거는 완벽하게, 양념은 최소한으로 세지 않게,
굽는 시간은 최대한 짧게, 이렇게 만들면
맛있는 쇠고기 요리를 누구나 즐길 수 있어요.

오이를 듬뿍 얹어 상큼하게 함께 먹는
아롱사태 오이냉채

🥢 2~3인분

🕐 40~45분
(+ 고기 핏물 제거하기와
삶기 2시간)

- 쇠고기 아롱사태 500g(또는 사태)
- 오이 2개
- 어린잎 채소 약간(생략 가능)

고기 삶는 재료
- 물 7과 1/2컵(1.5ℓ)
- 청주 3큰술
- 양파 1/2개
- 대파 2대
- 마늘 5쪽
- 편 썬 생강 1조각
- 통후추 2작은술

냉채소스
- 양조간장 3큰술
- 올리고당 2큰술
- 매실청 2큰술
- 식초 2큰술
- 다진 청·홍고추 각 1개분
- 다진 마늘 1큰술
- 통깨 1과 1/2큰술
- 참기름 2큰술
- 후춧가루 약간

명랑쌤 비법 1 아롱사태 대신 돼지 사태로 즐기기
쇠고기 사태보다 저렴한 돼지 사태로도 가능해요. 고기를 삶을 때 삶는 재료에
생강을 조금 더 넉넉히 넣어야 돼지고기 잡내를 없앨 수 있어요. 돼지고기는 쇠고기보다
부드럽기 때문에 삶는 시간은 15~20분 줄여 50분 정도면 푹 익을 거예요.

명랑쌤 비법 2 냉채용 고기 부서지지 않고 예쁘게 썰기
삶은 고기는 뜨거울 때 바로 썰면 부서질 수 있어요. 충분히 차게 식힌 후 써는 것이 좋아요.
여름처럼 기온이 높은 실온에서 식힐 경우 상할 수 있으니 선풍기를 틀거나 냄비째 냉장실에
넣어 재빨리 식혀요.

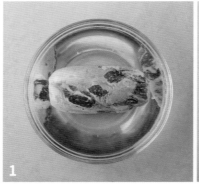

1 쇠고기 사태는 냉수에 1시간 이상 담가 핏물을 제거한다.

2 넉넉한 크기의 냄비에 고기 삶는 재료, ①의 사태를 넣고 센 불에서 끓어오르면 약한 불로 줄여 70분간 삶는다.

3 오이는 돌돌이 채칼로 얇게 썰거나 반으로 얇게 썰어 생수 1컵(200㎖) + 소금(2/3큰술)을 넣고 30분간 절인 후 음식탈수기로 수분을 완전히 제거한다.

4 삶은 고기는 냄비째로 차갑게 식힌다.
* 기온이 높은 여름철에는 쉽게 상할 수 있으니 선풍기를 틀거나 냄비째 냉장실에 넣어 식혀요.

5 사태는 얇게 편 썬다. 볼에 냉채소스 재료를 넣고 섞는다. 그릇에 사태, 오이, 어린잎 채소 순으로 담고 소스를 곁들인다.

고급 한정식집 육회무침

🍽 2~3인분

🕐 15~20분

(+ 고기 핏물 제거하기 30분)

- 쇠고기 육회용 200g
  (우둔살, 꾸리살, 홍두깨살 등)
- 배 100g
- 상추 3장
- 어린잎 채소 1컵
- 새싹 채소 1컵
- 달걀노른자 1개분
- 통깨 1작은술
- 참기름 1/2작은술
- 송송 썬 쪽파 약간(생략 가능)

고기 양념

- 설탕 1작은술
- 매실청 1큰술
- 소금 2/3작은술
- 맛간장 1/2큰술
  * 만들기 19쪽
- 배 간 것 2큰술
- 다진 파 2큰술
- 채 썬 마늘 1큰술
- 곱게 채 썬 생강 2/3작은술
- 통깨 1과 1/2큰술
- 참기름 1과 1/2큰술
- 후춧가루 약간

명랑쌤 비법 1 육회로, 비빔밥으로 두 배로 즐기기

육회는 그대로 먹어도 맛있지만 비빔밥으로 즐겨도 좋아요.
고기 양념의 맛간장을 1/2큰술(총 1큰술) 추가하면 밥을 넣고 비볐을 때
간이 딱 맞을 거예요. 마지막에 김자반 뿌리는 것도 잊지 마세요.

명랑쌤 비법 2 육회를 신선하게 먹으려면?

육회는 생고기이기 때문에 최대한 손으로 직접 만지지 않는 것이 좋아요.
버무릴 때는 젓가락을 사용해서 살살 섞은 후 그릇에 담고, 만들어
바로 먹는 것이 위생적으로 안전해요. 양념은 섞어 두면 색이 금방 변하니
먹기 직전에 버무리는 게 좋고요.

1 쇠고기는 0.3cm 두께로 채 썬다.
볼에 고기 양념 재료를 넣고 섞는다.

2 쇠고기는 키친타월로 감싸
30분간 핏물을 제거한다.

3 배는 가늘게 채 썰고,
상추는 1cm 폭으로 썬다.

4 ①의 볼에 쇠고기를 넣고 살살 버무린다. 그릇에
채소를 보기 좋게 담고 쇠고기, 달걀노른자를
올린 후 쪽파, 참기름, 통깨를 뿌린다.

한국전통요리 '가지선'을 응용한
쇠고기 넣은 통가지찜

🥢 2~3인분
⏱ 35~40분
（+ 고기 핏물 제거하기 30분）

명랑쌤 비법 가지를 싱겁지 않게, 물러지지 않게 찌기
고기를 넣은 가지는 양파를 깔고 그 위에 올려 국물에 잠기지 않게 쪄야 양념이 흘러내리지
않아요. 국물에도 국간장으로 간을 살짝 해서 양념이 너무 빠지지 않도록 밸런스를 맞췄어요.
가지가 굵고 통통할 경우 2~3분 정도 더 익히는 것이 좋지만 너무 오래 찌면 뭉개지므로
찌는 시간에 주의해야 해요.

- 쇠고기 다짐육 250g
- 가지 3개(450g)
- 양파 1개
- 국간장 1/2큰술
- 녹말가루 약간
- 물 1컵(200㎖)
- 달걀 지단 약간(생략 가능)
- 채 썬 홍고추 약간(생략 가능)
- 송송 썬 쪽파 약간(생략 가능)

고기 양념
- 다진 양파 1/3개분
- 다진 청양고추 2개분
- 녹말가루 1큰술
- 설탕 1큰술
- 된장 1과 1/2큰술
- 양조간장 1큰술
- 청주 1큰술
- 다진 마늘 1큰술
- 다진 파 2큰술
- 참기름 1큰술
- 후춧가루 1/4작은술

1 쇠고기 다짐육은 키친타월로 감싸 30분 이상 핏물을 제거한다.

2 가지는 2~3등분 후 열십(+)자 모양이 되도록 칼집을 넣는다.
양파는 1cm로 두께로 채 썬다.

3 볼에 고기 양념 재료를 넣고 섞은 후 ①의 고기를 넣고 버무린다.

4 칼집을 넣은 가지 안쪽에 녹말가루를 골고루 입힌 후 살짝 털어낸다.

5 칼집을 낸 부분에 고기 반죽을 넣어 채운다.

6 바닥이 넓은 냄비에 양파를 깔고 물(1컵), 국간장을 넣어 센 불에서 끓어오르면 가지를 올리고 뚜껑을 덮은 후 센 불에서 5분, 약한 불에서 12분간 은근히 찐다. 그릇에 담고 달걀 지단, 홍고추, 쪽파를 올린다.

톡 쏘는 겨자소스의 개운한 맛

육전과 채소무침

- 2~3인분
- 40~45분
  (+ 고기 핏물 제거하기 30분)

명랑쌤 비법 육전을 노릇노릇하게 잘 부치는 노하우

전통 한식에서 육전은 습식 찹쌀가루를 사용하는데, 입혔을 때 끈적해서 잘 밀리고
껍질이 두꺼워서 어려워하는 사람들이 많아요. 건식 찹쌀가루와 밀가루를 함께 사용하면
두께도 적당하고 부치기도 쉬워 작업성이 좋답니다. 하지만 가루를 너무 얇게 입히거나,
핏물을 잘 제거하지 않거나, 흰자만 사용하면 구웠을 때 핏물에 배어나와 지저분하니
주의해야 해요. 조금 더 노릇하게 색을 내고 싶다면 달걀에 달걀노른자 2개 정도를
더 넣은 달걀옷을 입혀 구우면 돼요.

- 쇠고기 육전용 200g
  (또는 등심, 부채살, 홍두깨살 등)
- 오이 1개
- 깻잎 10장
- 치커리 약간
- 홍고추 1/2개
- 밀가루 1/2컵(또는 부침가루)
- 건식 찹쌀가루 1/3컵
- 달걀 2~3개
- 포도씨유 약간
- 송송 썬 쪽파 약간(생략 가능)

고기 양념
- 청주 2큰술
- 설탕 1작은술
- 양조간장 1작은술
- 소금 1/3작은술
- 참기름 2작은술
- 후춧가루 약간

겨자소스
- 배 간 것 3큰술
- 소금 1작은술
- 매실청 2큰술
- 연겨자 1작은술
- 식초 2큰술

1
쇠고기는 육전용으로 얇게 썬 후
키친타월을 사이사이에 끼워
30분 이상 핏물을 제거한다.

2
오이는 돌려 깎아 6cm 길이로 채 썬다.
깻잎은 0.5cm 두께로,
치커리는 5cm 길이로 채 썬다.
홍고추는 얇게 채 썬다.

3
볼에 겨자소스 재료를 넣고 섞는다.
다른 볼에 고기 양념 재료를 넣고 섞는다.
또 다른 볼에 달걀을 푼다.

4
트레이에 고기를 1장씩 펼치고
붓으로 고기 양념을 전체에 펴 바른 후
20분간 그대로 둔다.

5
밀가루, 찹쌀가루를 섞어 밑간한 쇠고기
앞뒤로 체를 이용해 골고루 뿌린 후
달걀물을 입힌다.

6
달군 팬에 포도씨유를 두르고 중강 불에서
노릇하게 될 때까지 앞뒤로 1~2분간 살짝 익힌다.
②의 채소와 겨자소스를 가볍게 버무린 후
육전에 곁들이고 쪽파를 올린다.

언양식 바싹불고기

🥣 2~3인분

🕐 15~20분
  (+ 고기 밑간하기 20분)

- 쇠고기 불고기용 300g
- 녹말가루 1/2큰술
- 밀가루 1/2큰술
- 포도씨유 1큰술
- 송송 썬 쪽파 약간(생략 가능)
- 통깨 약간(생략 가능)

고기 밑간
- 맛간장 1큰술
  * 만들기 19쪽
- 청주 1큰술
- 맛술 1큰술
- 다진 마늘 1/2큰술
- 후춧가루 약간

고기 양념
- 맛간장 1과 1/2큰술
- 물엿 1큰술
- 다진 파 1큰술
- 참기름 1/2큰술
- 후춧가루 약간
- 통깨 2작은술

명랑쌤 비법 1 불맛으로 한층 더 업그레이드 하기

언양식 불고기는 어떻게 굽느냐도 중요한데요, 불맛, 불향을 입히면 한층 더 맛있어져요.
프라이팬에서 국물이 남지 않게 바싹 볶은 후 마지막에 토치로 전체를 그을리거나,
석쇠에 올려 가스불에 직화로 구우면 불맛이 더해져요.

명랑쌤 비법 2 녹말가루, 밀가루로 국물 없이 바싹하게 굽기

언양식 불고기는 국물 없이 바싹 구워야 제 맛이죠. 이렇게 굽기 위해서 미리 쇠고기에
녹말가루와 밀가루를 뿌리는데, 나중에 고기를 구울 때 나오는 수분을 이 가루들이 흡수해요.
녹말가루만 사용하면 국물이 걸쭉해지기 때문에 밀가루를 함께 사용했어요.

1
볼에 고기 밑간 재료, 쇠고기를 넣고
버무려 20분간 재운다.
다른 볼에 고기 양념 재료를 섞는다.

2
트레이에 쇠고기를 넓게 펼친 후
가는 체로 녹말가루, 밀가루를 섞어
골고루 뿌린다.

3
달군 팬에 포도씨유를 두르고
센 불에서 앞뒤로 구운색이 날 때까지
1~2분간 굽는다.

4
고기 양념을 넣고 양념이 졸아들 때까지
센 불에서 뒤집어가며 3~4분간 굽는다.
그릇에 담고 송송 썬 쪽파, 통깨를 뿌린다.

두부 부추 고기볶음
_레시피 40쪽

오리엔탈 쇠고기 스테이크와 과일살사
_레시피 42쪽

단백질을 듬뿍 보충할 수 있는 영양 만점 두부 요리

두부 부추 고기볶음

🍽 2~3인분
🕐 20~25분

- 두부 800g
- 쇠고기 불고기용 150g
  (또는 잡채용)
- 부추 150g
- 양파 1/3개
- 홍고추 1개
- 고추기름 1큰술
  * 만들기 19쪽
- 소금 1/3작은술
- 포도씨유 2큰술
- 참기름 1/2큰술
- 통깨 2작은술
- 후춧가루 약간

두부 양념
- 양조간장 2와 1/2큰술
- 맛술 3큰술
- 매실청 1큰술
- 후춧가루 약간

고기 양념
- 맛술 2큰술
- 두반장 1큰술
- 다진 파 2큰술
- 다진 생강 1/2작은술
- 다진 마늘 1작은술
- 고추기름 2작은술
- 후춧가루 약간

명랑쌤 비법 1 두부 부서지지 않게 부치기

두부의 수분을 제거하지 않고 구우면 쉽게 부서져 음식이 지저분해져요.
두부를 통째로 전자레인지에 5~6분간 돌려 1차로 수분을 뺀 후
다시 트레이 등에 받쳐 한 번 더 수분을 빼면 굽거나 조릴 때 부서지지 않아요.

명랑쌤 비법 2 손님초대용이라면 각각, 가족용이라면 섞어 담기

손님초대용이라면 그릇에 두부, 고기, 채소를 보기 좋게 각각 담고, 가족들과 먹을 때는
마지막 과정에서 두부, 고기, 채소를 전부 한꺼번에 섞은 후 담으면 먹기 편해요.

1
두부는 통째로 전자레인지에 5~6분간
익힌 후 체에 받쳐 수분을 제거한다.

2
부추는 5cm 길이로 썬다.
양파는 얇게, 홍고추는 4cm 길이로 채 썬다.
쇠고기는 0.3cm 두께로 채 썬다.

3 두부가 식으면 1~1.5cm 두께로 납작하게 썬다.

4 팬에 포도씨유를 두른 후 앞뒤로 구운색이 나게 센 불에서 3~4분간 굽는다.

5 두부 양념 재료를 넣고 중간 불에서 3~4분간 팬을 흔들면서 조린 후 그릇에 덜어 둔다.

6 달군 팬에 고추기름을 두르고 양파, 부추, 홍고추, 소금, 후춧가루, 참기름, 통깨 순으로 넣어 센 불에서 살짝 볶은 후 그릇에 덜어 둔다. * 부추는 숨이 완전히 죽지 않게 뜨겁게 달군 팬에 재빨리 볶아요.

7 볼에 고기 양념 재료를 넣고 섞은 후 쇠고기를 넣고 버무린다

8 달군 팬에 고기를 넣고 센 불에서 1~2분간 바싹 볶는다. 그릇에 ⑤의 두부, ⑥의 채소 볶음과 함께 담는다.

오리엔탈 쇠고기 스테이크와 과일살사

🥣 2~3인분

🕐 20~25분
 (+ 고기 밑간하기 20분)

- 쇠고기 스테이크용(등심, 채끝, 부채살)
 250~300g
- 양상추 1/4통
- 통조림 파인애플링 2개

고기 밑간
- 스테이크시즈닝 1/2작은술
 (또는 허브솔트)
- 올리브유 2큰술
- 마늘 2쪽(편으로 썰어두기)
- 로즈마리 1줄기

과일 살사소스
- 적양파 1/5개(또는 양파)
- 노란 파프리카 1/4개
- 풋고추 1개(또는 청양고추)
- 방울토마토 5~6개
- 바질잎 2장
- 맛간장 2큰술
 * 만들기 19쪽
- 발사믹식초 1큰술
- 올리브유 2큰술

명랑쌤 비법 곁들임 재료 다양하게 응용하기
살사소스는 멕시코 요리에 많이 사용하는 샐러드소스인데, 주재료는 토마토로 만들어요.
이 메뉴는 파인애플과 토마토, 채소를 스테이크와 함께 샐러드 느낌으로 상큼하고 푸짐하게
먹을 수 있도록 살사소스를 응용했어요. 새송이버섯이나 표고버섯, 가지, 호박 등의 채소에
소금을 살짝 뿌려 프라이팬이나 그릴에 구운 후 과일 살사소스를 곁들여도 잘 어울려요.

1
두께 2~2.5cm 스테이크용 쇠고기를 준비해
앞뒤로 사선으로 칼집을 넣는다.

2
고기 밑간 재료에 20분간 재운다.
* 채끝도 맛있지만 부채살로 하면 가격도
저렴하고 부드러워요.

3

양상추는 먹기 좋은 크기로 뜯는다.
파인애플링은 4등분한다.

4

과일살사의 양파, 파프리카는 사방 1cm 크기,
방울토마토는 4~8등분한다.
고추는 얇게 송송 썰고,
바질잎은 가늘게 채 썬다.

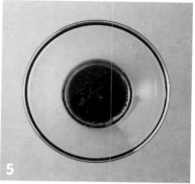

5

큰 볼에 과일살사 소스 재료의 맛간장,
발사믹식초, 올리브유를 넣고 섞는다.

6

뜨겁게 달군 팬에 ②의 쇠고기와 밑간을
모두 넣고 앞뒤로 구운색이 나도록 센 불에서
각각 1분씩 굽는다. 뚜껑을 덮고 아주 약한
불에서 5분간 더 구운 후 약간 식힌다.

7

쇠고기를 얇게 썰고 덜 익은 부분만
토치로 조금 더 그을린다.

8

먹기 직전에 ⑤의 나머지 재료를 넣고
섞은 후 그릇에 양상추, 파인애플, 스테이크와
함께 담는다.

쇠고기 등심 양념구이와 새송이구이
_레시피 46쪽

쇠고기 등심 양념구이와 새송이구이

🥣 2~3인분

🕐 20~25분
(+ 고기 핏물 제거하기와
밑간하기 1시간 30분)

- 쇠고기 로스구이용(등심, 채끝)
  300~350g
- 새송이버섯 2개

1차 고기 밑간
- 파인애플주스 3큰술
- 맛술 2큰술
- 레드와인 3큰술

2차 고기 밑간
- 양조간장 2큰술
- 올리고당 1큰술
- 매실청 1큰술
- 곱게 다진 마늘 2/3큰술
- 참기름 2작은술
- 후춧가루 약간

버섯 양념
- 소금 1/3작은술
- 포도씨유 1큰술
- 땅콩버터 1큰술
- 후춧가루 약간

잣 마늘소스
- 설탕 2/3큰술
- 소금 1/3작은술
- 파인애플주스 2큰술
- 식초 2/3큰술
- 다진 잣 2큰술
- 굵게 다진 마늘 4큰술
- 다진 홍고추 1~2큰술
- 연겨자 1/2큰술

명랑쌤 비법 1 마늘소스의 매운 맛 줄이기

마늘이 많이 들어가는 소스는 바로 사용하면 매울 수 있어요. 하루 전에 미리 만들어
숙성시키면 마늘의 매운 맛이 부드럽고 풍부해져요. 숙성시킬 시간이 없다면
마늘을 전자레인지에 1분 30초정도 돌려 익힌 후 다져 넣으면 매운 맛이 훨씬 줄어들어요.

명랑쌤 비법 2 양념구이용 쇠고기 부드럽게 만들기

쇠고기가 1.5cm 이상 두껍다면 비닐을 덮고 칼등이나 스테이크용 망치로 충분히 두드려
양념을 해야 익은 후 덜 질겨요. 밑간은 1,2차로 나눠하면 시간은 걸리지만 양념이 쏙쏙 배어
더 맛있어요. 조금 두껍게 썰어 판매하는 불고기용을 사용해도 돼요.

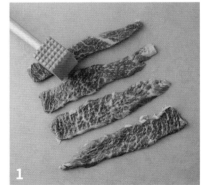

1 쇠고기는 키친타월로 감싸 30분간
핏물을 제거한 후 칼등 또는 스테이크용
망치로 두드려 편다.

2 볼에 1차 고기 밑간 재료, 쇠고기를 넣고
30분간 재운 후 체에 밭쳐
10분 이상 수분을 제거한다.

3
볼에 각각 2차 고기 밑간, 버섯 양념,
잣 마늘소스를 넣고 섞는다.

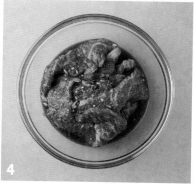

4
②의 쇠고기에 2차 고기 밑간을 넣고
20분간 재운다.

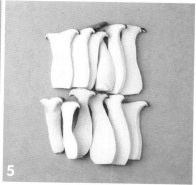

5
새송이버섯은 0.6cm 두께로
모양대로 썬다.

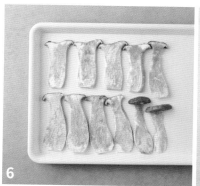

6
버섯 양념을 붓을 이용해
골고루 펴 바른다.

7
뜨겁게 달군 팬에 ④의 고기를 넣고
구운 색이 날 때까지 센 불에서 앞뒤로
1~2분간 재빨리 익힌다.

8
3×2cm 정도의 한입 크기로 썬다.

9
달군 팬에 버섯을 올리고 중간 불에서
앞뒤로 1~2분간 살짝 굽는다.
그릇에 구운 쇠고기, 새송이버섯을 담고
잣 마늘소스를 곁들인다.

짭조름하면서 담백한 소스와 함께 먹는

명란 두부소스 차돌박이구이

🥄 2~3인분
🕐 15~20분

명랑쌤 비법 1 명란 미소소스 응용하기
미소된장을 사용해서 일본 요리와 두루두루 잘 어울려요.
짜지 않아 채소스틱이나 찐 양배추를 찍어 먹어도 맛있고요. 구운 차돌박이를 잘게 자르고
양배추 대신 어린잎 채소와 미소소스를 넣어 비빔밥 또는 덮밥으로 즐겨도 좋아요.

명랑쌤 비법 2 미소된장 대신 일반 된장 사용하기
미소된장이 없다면 일반 된장을 사용해도 되지만 염도가 다르기 때문에 맛을 봐가면서
조절해야 해요. 맛은 쌈장에 가깝답니다.

- 쇠고기 차돌박이 200g
- 양배추 1/6통(약 250g)
- 송송 썬 쪽파 약간(생략 가능)
- 통깨 약간(생략 가능)

고기 양념
- 맛간장 1큰술
  - * 만들기 19쪽
- 화이트와인 1큰술
  (또는 청주나 소주)
- 참기름 1/2큰술
- 후춧가루 약간

명란 두부소스
- 미소된장 30g
- 두부 60g
- 명란젓 1개(30g)
- 다진 파 3큰술
- 다진 마늘 1작은술
- 참기름 1과 1/2큰술
- 매실청 1과 1/2큰술
- 와사비 1/5작은술

1 양배추, 차돌박이는 한입 크기로 썬다.

2 김 오른 찜기에 양배추를 펼쳐 올린 후 센 불에서 5~6분간 찌고 체에 펼쳐 냉장실에서 재빨리 차게 식힌다.

3 명란 두부소스 재료의 두부는 전자레인지에 1분간 돌린 후 칼등으로 으깬다.

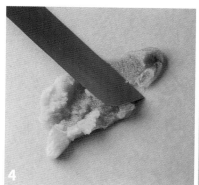

4 명란은 길이로 2등분한 후 칼등으로 속만 긁어낸다.

5 볼에 ③의 두부, ④의 명란, 나머지 명란 두부소스 재료를 넣고 섞는다. 다른 볼에 고기 양념 재료를 넣고 섞는다.

6 달군 팬에 차돌박이를 올려 붓으로 양념을 바르면서 센 불에서 30초~1분간 핏물이 없어질 정도로만 재빨리 굽는다. 그릇에 양배추와 차돌박이를 겹쳐 담고 명란 두부소스를 곁들인다. 쪽파, 통깨를 뿌린다.

명랑쌤표 LA갈비구이

2~3인분

15~20분
(+ 고기 핏물 제거하기와
밑간하기 4~6시간)

명랑쌤 비법 1 LA갈비가 더 맛있어 지는 시간

고기를 양념에 오래 재우면 삼투압으로 수분이 빠져 오히려 질겨질 수 있어요. 재우는 시간은
3~4시간을 넘지 않는 것이 좋아요. 양념한 고기가 남았다면 국물과 함께 냉동시켜 연육작용을
멈추게 해야 해요. 고기의 양을 2배로 늘릴 경우 양념은 20~30% 줄여야 간이 맞아요.

명랑쌤 비법 2 갈비 대신 돼지 목살로 즐기기

갈비 양념이 남았다면 돼지 목살을 재워도 좋아요. 생강 간 것 1~2큰술만 추가하면 돼요.
대신 연육작용이 강한 파인애플은 빼는 게 좋아요.

- LA갈비 1.2kg
- 사이다 2와 1/2컵(500mℓ)
- 잣가루 2큰술(생략 가능)

갈비 양념
- 양파 1/2개
- 배 50g
- 통조림 파인애플링 1/2개
- 마늘 10쪽(50g)
- 설탕 6큰술
- 물엿 4큰술
- 레드와인 1/2컵(100mℓ)
- 양조간장 약 3/5컵(120~130mℓ)
- 물 1과 1/2컵(300mℓ)
- 참기름 2큰술
- 후춧가루 1/4작은술

볼에 LA갈비, 사이다(2와 1/2컵)를 넣고
1~2시간 핏물을 제거한다.

핏물을 뺀 LA갈비를 체에 밭쳐
20분 이상 수분을 충분히 제거한다.

갈비 양념 재료의 양파, 배, 파인애플, 마늘을
믹서에 넣고 곱게 간다.

큰 볼에 ③, 나머지 갈비 양념 재료를 넣고
섞는다.

②의 LA갈비에 갈비 양념을 붓고
3~4시간 재운다.

달군 팬에 고기와 국물을 조금씩 넣어가며
센 불에서 앞뒤로 약 3~4분간 골고루 굽는다.
그릇에 담고 잣가루를 뿌린다.

비프 롤가스

🥄 2~3인분

🕐 35~40분
  (+ 고기 핏물 제거하기와
  밑간하기 1시간 20분)

- 쇠고기 불고기용 250g
  (또는 샤브샤브용)
- 슬라이스 치즈 3장
- 청·홍피망 각 1/2개
- 팽이버섯 1봉지(100g)
- 모짜렐라 피자치즈 5큰술
- 달걀 3개
- 밀가루 1/2컵
- 빵가루 1컵
- 식용유 7과 1/2컵(튀김용, 1.5ℓ)
- 다진 파슬리 약간(생략 가능)

고기 밑간
- 맛술 2큰술
- 소금 1/3작은술
- 후춧가루 약간

소스
- 시판 돈가스소스 1/3컵
- 토마토케첩 2큰술
- 머스터드 2/3작은술
- 양파 간 것 1/4컵

명랑쌤 비법 1 롤가스 예쁘게 잘 만드는 비법

롤가스용 쇠고기는 얇아서 모양이 쉽게 망가져요. 펼친 모양 그대로 키친타월을 겹쳐
핏물을 제거한 후 다른 트레이에 1장씩 옮기면서 밑간을 하는 게 좋아요.
그 위에 속재료를 올리고 김밥 말듯이 꾹꾹 누르면서 쇠고기를 말아야 나중에 빈 공간이
덜 생기고요. 밀가루는 얇게 입히고 빵가루 역시 꾹꾹 누르면서 넉넉히 입혀 튀겨야 바삭해요.

명랑쌤 비법 2 롤가스를 넉넉히 만들어 냉동하기

롤가스는 안주 또는 별미 요리로도 좋고, 아이들도 잘 먹기 때문에 많이 만들어 냉동해 두었다가
필요할 때 꺼내 조리하면 좋아요. 냉장실에서 해동하면 핏물이 빠지고 모양이 납작해지니
냉동실에서 꺼내 바로 전자레인지에 1~2분 녹인 후 튀겨야 해요. 냉동된 상태로 바로 튀기면
속은 익지 않고 겉만 타요.

1 쇠고기는 트레이에 펼쳐 키친타월을
사이사이에 넣은 후 1시간 이상 핏물을
제거한다.

2 피망은 채 썰고, 팽이버섯은 밑둥을 잘라내고
가닥가닥 뜯는다. 볼에 달걀을 푼다.
다른 볼에 고기 밑간 재료를 넣고 섞는다.

3 ①의 쇠고기에 붓을 이용해 고기 밑간을
전체에 펴 바른 후 20분 정도 그대로 재운다.

4 냄비에 소스 재료를 모두 넣고 약한 불에서
3~4분간 끓인다.

5

쇠고기 위에 슬라이스 치즈, 피망, 팽이버섯,
모짜렐라 피자치즈 순으로 올리고
김밥을 말듯이 꾹꾹 눌러가며 돌돌 만다.

6

밀가루, 달걀, 빵가루를 각각 담아서
밀가루 → 달걀 → 빵가루 순으로 입힌다.
냄비에 식용유를 붓고 170℃(반죽을 넣었을
때 가라앉았다가 2초 후 떠오르는 정도)로
끓인다. * 빵가루는 꾹꾹 눌러가며 입혀요.

7

쇠고기를 넣어 겉면을 바삭하고 구운 색이 날
때까지 7~8분간 튀긴 후 한입 크기로 썬다.
그릇에 소스를 넉넉히 담고 롤가스를 올린다.
* 다진 파슬리를 뿌리면 더 고급스러워요.

함박스테이크와 특제소스
_레시피 56쪽

54

함박스테이크와 특제소스

🥣 2~3인분

🕐 55~60분
(+ 고기 핏물 제거하기 30분)

- 양송이버섯 5개
- 양파 1/3개
- 마늘 2쪽
- 올리브유 1큰술 + 1과 1/2큰술
- 파마산 치즈가루 약간
- 다진 파슬리 약간

반죽
- 쇠고기 다짐육 300g
- 돼지 불고기용 100g
- 양파 1/2개
- 빵가루 1컵
- 달걀 1개
- 머스터드 1/2작은술
- 소금 2/3작은술
- 다진 마늘 1큰술
- 파마산 치즈가루 2큰술
- 다진 파슬리 약간
- 후춧가루 약간
- 올리브유 1~2큰술

소스
- 버터 1과 1/4큰술(20g)
- 밀가루 2큰술
- 설탕 1큰술
- 치킨스톡 1개
- 토마토케첩 1/4컵
- 우스터소스 1큰술
- 굴소스 1작은술
- 홀그레인 머스터드 1작은술
- 건고추 1~2개
  (작은 것, 또는 베트남고추)
- 후춧가루 약간
- 물 1과 1/2컵(300㎖)

명랑쌤 비법 1 쇠고기와 돼지고기의 가장 맛있는 비율

쇠고기와 돼지고기를 적절히 섞은 함박스테이크는 정말 맛있어요. 함박스테이크에 쇠고기만
사용하면 식었을 때 퍽퍽한 느낌이 들어요. 여기에 돼지고기를 넣으면 돼지고기의 지방으로 인해
전체적으로 부드러워지고 고소한 풍미가 더해지지요. 가격도 저렴해지고요. 쇠고기와 돼지고기를
3:1의 비율로 사용하면 딱 좋아요. 돼지고기가 들어 있는 줄 모를 정도랍니다.

명랑쌤 비법 2 식감과 육즙이 살아 있는 함박 만들기

쇠고기, 돼지고기 모두 다짐육을 사용해도 되지만 일부는 채를 썰어 섞으면 씹히는 식감을
더할 수 있어요. 쇠고기 역시 다짐육 일부를 갈비살 등으로 썰어 넣으면 육즙과 식감이
한층 더 좋아져요. 팬에서 80~90% 구워 육즙을 가둔 후 나머지는 오븐에서 구우면 속까지
촉촉한 함박스테이크가 돼요. 에어프라이어에 굽는 것도 가능해요. 치댄 반죽 겉면에 올리브유를
듬뿍 바르면 속까지 좀 더 부드러워져요.

tip ― **다른 재료로 대체하기**

우스터소스가 없다면 동량의 스테이크 소스나 돈가스소스, 또는
맛간장 2/3큰술로 대체해도 돼요. 맛간장은 짠맛이 강해서
30% 정도 적은 양을 사용해요. 굴소스가 없다면 간장을 사용해도 돼요.

1

반죽의 쇠고기 다짐육은 키친타월로 감싸
30분 이상 핏물을 제거한다.

2

반죽의 양파는 사방 0.4cm 크기로 다진다.
돼지고기는 3cm 길이로 채 썬다.

3 양파는 0.5cm 두께로 채 썰고, 양송이버섯은
모양대로 0.6cm 두께로 납작하게 썬다.
마늘은 편 썬다.

4 뜨겁게 달군 팬에 올리브유(1큰술)를 두르고
③의 양파를 넣어 중간 불에서 구운색이
날 때까지 5~6분간 볶는다.

5 마늘, 양송이버섯을 넣고 1~2분 정도
살짝만 더 볶은 후 그릇에 덜어 둔다.
오븐은 180℃로 예열한다.

6 볼에 올리브유를 제외한 반죽 재료를 모두
넣고 끈기가 나도록 치댄 후 반죽을 5등분하고
지름 8cm, 두께 2cm 크기로 동그랗게 모양을
만든다. 겉면에 올리브유(1~2큰술)를 듬뿍
바른다.

7 달군 팬에 올리브유(1과 1/2큰술)를 두르고
반죽한 고기를 넣어 중약 불에서 구운색이
나게 앞뒤로 3~4분씩 구워 80~90% 정도만
익힌다.

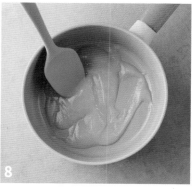

8 작은 냄비에 소스 재료의 버터, 밀가루를 넣고
약한 불에서 1~2분간 볶는다.

9 나머지 소스 재료를 모두 넣고
약한 불에서 5분 정도 끓인다.

10 오븐 용기에 ⑦의 고기, ⑨의 소스, ⑤의 채소
순으로 올려 담고 쿠킹포일로 반 정도만 뚜껑을
덮어 180℃ 오븐에서 15~20분간 익힌다.
오븐에서 꺼낸 후 파마산 치즈가루,
다진 파슬리를 뿌린다.

Part   02   --

냉채, 찜, 볶음, 구이 등
다양한 조리법으로 맛을 낸

돼지고기
요리

돼지고기는 찌개나 구이로 우리 식탁에 가장
자주 오르는 육류랍니다. 육즙이 풍부하고 부드러워
가족 모두가 즐기기 좋아요. 가격도 저렴하고요.
돼지고기는 누린내만 잘 제거하면 어떤 요리,
어떤 양념과도 잘 어울려 다양하게 활용할 수 있어요.
이 책에서는 부위별 딱 맞는 조리법으로
돼지고기 요리의 다채로운 맛을 알려드려요.

돼지고기의 기름기와 냄새를 줄여 깔끔하고 담백하게 먹는

돼지고기 냉채샐러드와 참깨소스

- 2~3인분
- 20~25분
  (+ 고기 밑간하기와 양파&셀러리
  냉수에 담그기 20분)

명랑쌤 비법 1 돼지고기의 기름기와 냄새 한 번에 없애기

냉채라서 차갑게 먹어야 하는데, 돼지고기를 식히면 기름이 굳어 느끼해요.
먹기 좋은 크기로 썰어 끓는 물을 한 번 끼얹으면 기름기와 잡내가 많이 줄어들어요.
향이 강한 셀러리와 깻잎을 함께 먹어도 돼지고기 특유의 냄새를 줄일 수 있어요.

명랑쌤 비법 2 고소하고 부드러운 참깨소스 만들기

통깨는 곱게 갈아야 먹었을 때 입 안에서 겉돌지 않고 소스가 매끈해요. 소스 재료를 한꺼번에
푸드프로세서에 넣고 갈면 깨가 곱게 갈리지 않기 때문에 통깨만 먼저 갈아 주는 게 포인트예요.

- 돼지 불고기용 200g
- 백오이 1개
- 방울토마토 5개
- 깻잎 5장
- 양파 1/2개
- 셀러리 20cm 1줄기

고기 양념
- 설탕 2작은술
- 맛술 1큰술
- 양조간장 1큰술
- 다진 생강 1작은술
- 다진 마늘 1작은술
- 참기름 1/2작은술
- 후춧가루 약간

참깨소스
- 통깨 4큰술
- 설탕 2큰술
- 소금 2/3작은술
- 식초 2와 1/2큰술
- 땅콩버터 2큰술
- 파인애플주스 4큰술
- 후춧가루 약간

1 돼지고기는 2~3cm 크기로 썰어서 체에 넓게 펼친 후 팔팔 끓는 물을 골고루 끼얹는다.

2 볼에 고기 양념 재료를 넣고 섞은 후 ①의 돼지고기를 넣고 버무려 20분간 재운다.

3 양파는 얇게 채 썬 후 냉수에 20분간 담가 매운맛을 빼고 수분을 제거한다. 셀러리는 5cm 길이로 얇게 어슷 썬 후 냉수에 20분간 담가 강한 향을 빼고 수분을 제거한다.

4 백오이는 채칼을 이용해 길고 얇게 썰고, 방울토마토는 2등분한다. 깻잎은 0.2cm 두께로 채 썬다. * 껍질이 단단한 청오이보다 얇은 백오이가 냉채의 식감과 잘 어울려요.

5 푸드프로세서에 참깨소스 재료 중 통깨를 넣고 곱게 간 후 나머지 참깨소스 재료를 넣고 간다. * 땅콩버터가 잘 풀어지지 않기 때문에 반드시 푸드프로세서로 잘 섞어요.

6 뜨겁게 달군 팬에 ②의 고기를 넣고 센 불에서 양념이 졸아들 때까지 3~4분간 볶는다. 그릇에 오이를 깔고 고기, 셀러리, 양파, 방울토마토, 깻잎을 올린 후 소스를 곁들인다.

대패삼겹살 배추찜

🥢 2~3인분

🕐 25~30분
(+ 소스 숙성시키기 1일)

- 냉동 대패삼겹살 400g
- 부추 2줌(100g)
- 알배기배추 5~6장
- 양파 3/4개
- 대파 20cm
- 숙주나물 2줌(100g)

마늘소스
- 다진 양파 1/4컵
- 다진 청양고추 2개분
- 굵게 다진 마늘 2큰술
- 설탕 2큰술
- 매실청 2큰술
- 소금 1작은술
- 양조간장 1큰술
- 식초 2큰술
- 연겨자 1/2작은술
- 참기름 1작은술
- 후춧가루 약간

명랑쌤 비법 1 마늘소스의 매운 맛 줄이기

마늘이 많이 들어가는 소스는 바로 사용하면 매울 수 있어요. 하루 전에 미리 만들어
숙성시키면 마늘의 매운 맛이 부드럽고 풍부해져요. 숙성시킬 시간이 없다면
마늘을 전자레인지에 1분 30초정도 돌려 익힌 후 다져 넣으면 매운 맛이 훨씬 줄어들어요.

명랑쌤 비법 2 다른 재료로 다양하게 즐기기

대패삼겹살 대신 얇게 썬 샤브샤브용 쇠고기, 차돌박이, 훈제오리도 가능해요. 대패삼결살처럼
2겹으로 겹쳐 찌면 돼요. 채소는 양배추, 각종 버섯류도 잘 어울려요.

1
볼에 마늘소스 재료를 넣고 섞은 후
하루 동안 숙성시킨다.

2
부추는 5cm 길이로 썰고,
배추는 1.5cm 두께로 썬다.
양파는 0.5cm 두께로 채 썬다.
대파는 5cm 길이로 썰어 길게 4등분한다.

3
찜기에 배추, 양파, 숙주나물, 삼겹살,
대파 순으로 올리고 같은 순서로
한 번 더 겹쳐 올린다.

4
물이 끓으면 찜기를 올리고 뚜껑을 덮어
센 불에서 8~10분간 찐 후 부추를 올려
잔열로 익힌다. 소스를 곁들인다.

돼지 목살 된장 시래기찜
_레시피 66쪽

무수분 수육과 겨자소스 채소무침
_레시피 68쪽

시래기를 듬뿍 넣고 푹 끓여 진하고 구수한

돼지 목살 된장 시래기찜

🥣 2~3인분

🕐 55~60분
(+ 고기 밑간하기 1시간)

- 돼지 등심 500g
  (또는 수육용 목살, 또는 등갈비)
- 다시마국물 7과 1/2컵(1.5ℓ)
  * 만들기 19쪽
- 송송 썬 대파(흰 부분) 20cm분
- 송송 썬 청양고추 2개분
- 들깨가루 2~3큰술

고기 양념
- 맛간장 2큰술
  * 만들기 19쪽
- 된장 1큰술
- 청주 2큰술
- 다진 생강 1작은술
- 들기름 1큰술
- 후춧가루 약간

시래기 양념
- 삶은 냉동 시래기 600g
- 들기름 2큰술
- 된장 40g
- 국간장 1큰술
- 다진 마늘 2큰술

명랑쌤 비법 남았다면 찌개로 즐기기

시래기찜이 남았다면 그대로 냉동 보관했다가 멸치육수나 다시마육수를
더 부어 찌개처럼 끓여도 좋아요. 고기와 시래기가 더 부드럽고 구수해져요.

tip — **건시래기를 샀다면? 쌀뜨물로 잡내 없이 부드럽게 삶기**

1 건시래기는 따뜻한 물에 담가 5시간 이상 불린다.
  이때 물을 중간중간 갈아준다.
2 큰 냄비에 불린 시래기를 넣고 쌀뜨물을 넉넉히 부어 센 불에서 끓어오르면
  약한 불로 줄여 40~50분간 삶은 후 냄비째 식힌다. 쌀뜨물은 쌀을 씻으면 나오는
  뽀얀 물로 보통 3~4번째 씻었을 때 나오는 물을 쓴다.
3 시래기를 찬물에 1~2회 헹군 후 물기를 가볍게 짠다.

1　　　2　　　3

1

돼지고기는 사방 2cm 크기로 썬다.
* 삼겹살 부위는 기름기가 많아 적당하지
않아요.

2

체에 넓게 펼친 후 팔팔 끓는 물을
골고루 끼얹는다.

3

볼에 고기 양념 재료를 넣고 섞는다.
다른 볼에 시래기 양념 재료를 넣고 섞는다.

4

②의 돼지고기를 고기 양념 볼에 넣고
골고루 버무려 냉장실에서 1시간 재운다.

5

넉넉한 끓는 물에 삶아서 냉동 보관한
시래기를 넣고 센 불에서 3~5분간
부드러워질 때까지 삶는다.

6

찬물에 2~3번 헹궈 물기를 제거하고
8cm 길이로 썬다.

7

③의 시래기 양념 볼에 시래기를 넣어
버무린다.

8

냄비에 양념한 시래기, ④의 돼지고기를 넣고
센 불에서 1~2분간 볶는다.

9

다시마국물을 붓고 센 불에서 끓어오르면
약한 불로 줄인 후 뚜껑을 1/4 정도 열리게
걸쳐 놓고 40분간 끓인다. 송송 썬 대파와
청양고추, 들깨가루를 넣고 10분간 더 끓인다.

맛과 영양이 그대로 살아 있는

무수분 수육과
겨자소스 채소무침

🍳 2~3인분

🕐 25~30분

(+ 고기 삶기와 채소 절이기 1시간)

- 돼지 삼겹살 500~600g
- 양파 1~2개
- 대파(푸른 부분 10cm) 20대
- 청주 1/2컵
- 편 썬 생강 6조각
- 오이, 무, 양파 각 1/2개
- 당근 1/6개
- 사과 1/3개
- 소금 1/2큰술
- 송송 썬 쪽파 약간(생략 가능)
- 통깨 약간(생략 가능)

겨자소스
- 설탕 2큰술
- 식초 1과 1/2큰술
- 소금 1/2작은술
- 연겨자 2작은술

새우젓 양념
- 새우젓 30g
- 사이다 2큰술
- 고춧가루 1/2작은술
- 송송 썬 청양고추 1개분
- 마늘 2쪽(편으로 썰어두기)

명랑쌤 비법 1 바닥이 두꺼운 냄비로 무수분 요리하기

무수분 요리는 바닥이 3중 이상으로 두꺼운 스테인리스 냄비나 무쇠솥을 사용해
아주 약한 불에서 찌듯이 익혀야 타지 않아요. 채소에서 나오는 수분으로 익히는데,
냄비 바닥이 얇으면 채소에서 수분이 나오기 전에 타면서 말라버려요.

명랑쌤 비법 2 무수분 수육과 삶는 수육 비교하기

무수분으로 수육을 만들면 맛이 응축되고 영양손실이 적어요. 식감은 쫀득하고요.
삶으면 맛과 영양성분이 물에 빠지는 단점은 있지만 식감은 무수분 수육보다
부드럽고 촉촉해요. 누린내 제거효과도 조금 더 크답니다. 대신 잘 부스러져요.

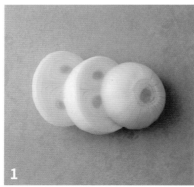

1 양파는 1~1.5cm 두께로 썬다.

2 바닥이 두꺼운 냄비에 양파를 깔고
돼지고기, 청주, 생강, 대파 순으로 올린다.
* 사과 1개를 얇게 썰어 함께 익혀도 맛있어요.

3
냄비 뚜껑을 덮고 센 불에서 3~4분,
아주 약한 불에서 60분간 익힌다.

4
오이, 무, 양파, 당근, 사과는
각각 5~6cm 길이로 가늘게 채 썬다.

5
무, 양파, 당근에 소금(1/2큰술)을 넣어
20분 이상 절인다.

6
볼에 겨자소스 재료를 넣고 섞는다.
다른 볼에 새우젓 양념 재료를 넣고 섞는다.

7
⑤의 채소는 냉수에 한 번 헹궈
체에 밭친 후 면보로 감싸 은근히 눌러
수분을 제거한다.

8
뜨겁게 달군 프라이팬에 ③의 돼지고기를
넣고 센 불에서 뒤집개로 눌러가며 사방이
갈색이 나게 2~3분간 굽는다. * 구우면 불맛이
더해지고 기름이 빠져요. 썰 때도 덜 부서지고요.

9
⑦의 채소에 채 썬 사과, 겨자소스를 넣고
살살 섞는다.

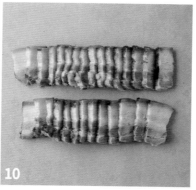

10
고기를 먹기 좋은 크기로 썰어 그릇에 담고
쪽파, 통깨를 올린다. 새우젓 양념, 겨자소스
채소무침을 곁들인다. 쪽파, 통깨를 올린다.

한국인이 가장 좋아하는 밥도둑 메뉴

매콤 제육볶음

🥢 2~3인분
🕐 20~25분
　　(+ 고기 밑간하기 20분)

명랑쌤 비법 1 불고기용 대신 대패삼겹살로 즐기기
제육볶음용 고기는 목살, 등심, 앞다리살, 뒷다리살 등 불고기용으로 얇게 썰어 놓은 것을
구입하세요. 양념이 매콤해 얇고 기름기 많은 냉동 대패삼겹살도 잘 어울려요.

명랑쌤 비법 2 수입육, 냉동육 잡내 없애기
수입육이거나 냉동 돼지고기일 경우 돼지고기 특유의 누린내가 날 수 있어요.
이때는 2차 양념의 청주, 마늘, 생강을 30% 정도 추가해서 양념해요.

- 돼지 불고기용 500g
- 양파 1/2개
- 청양고추 2개
- 대파(흰 부분) 15cm
- 깻잎 10장
- 고추기름 1큰술
  - * 만들기 19쪽
- 참기름 1작은술
- 통깨 1큰술
- 송송 썬 쪽파 약간(생략 가능)

1차 밑간
- 양파 간 것 2큰술
- 설탕 1큰술
- 청주 1큰술

2차 양념
- 물엿 2큰술
- 고추장 2큰술
- 고춧가루 3큰술
- 양조간장 2큰술
- 청주 1큰술
- 다진 마늘 1큰술
- 다진 생강 1작은술
- 후춧가루 약간

1 돼지고기는 3~4cm 크기로 썬 후
1차 밑간 재료에 버무려 20분 이상 재운다.

2 양파는 0.7 cm 두께로 채 썰고,
깻잎은 4~6등분으로 썬다.
청양고추는 얇게 어슷 썬다.
대파는 4cm 길이로 썰어 길게 4등분한다.

3 볼에 2차 양념 재료를 넣고 섞는다.

4 ①의 돼지고기에 2차 양념 재료를 넣고
골고루 버무린다.

5 뜨겁게 달군 팬에 고추기름을 두르고
고기를 넣어 센 불에서 5~6분 정도 볶는다.

6 고기가 거의 익으면 양파, 고추, 대파를 넣고
2분 정도 더 볶다가 깻잎, 참기름, 통깨를 넣고
골고루 섞는다. 그릇에 담은 후 쪽파를 올리고
상추를 곁들인다.

생강향 돼지 목살구이

🍳 2~3인분
🕐 25~30분

명랑쌤 비법 1 목살 대신 안심, 등심으로 부드럽게 즐기기
씹히는 맛을 좋아한다면 목살, 부드럽고 담백한 고기 맛을 원한다면 안심, 등심을
사용해요. 목살은 기름기가 약간 있는 부위라서 조금 더 고소한 맛이 풍부하게 느껴져요.

명랑쌤 비법 2 꽈리고추에 양념 잘 스며들게 만들기
꽈리고추는 마지막에 넣어 살짝 섞기 때문에 포크 등으로 구멍을 내면 양념이 속까지
잘 배어들어요. 손으로 적당한 크기로 잘라도 돼요.

- 돼지 목살 300g
- 양배추 2장(손바닥 크기)
- 꽈리고추 7~8개
- 초생강 2큰술
- 포도씨유 1작은술
- 소금 약간
- 후춧가루 약간
- 송송 썬 쪽파 3큰술

고기 양념
- 설탕 1작은술
- 맛간장 3큰술
  * 만들기 19쪽
- 맛술 1/4컵(50㎖)
- 청주 1/4컵(50㎖)
- 다진 생강 1/2큰술
- 후춧가루 약간

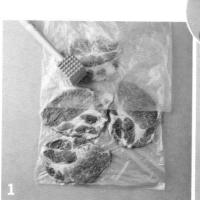

1
목살을 도마 위에 올리고 비닐을 덮어
칼등 또는 스테이크 망치로 두드려
0.5cm 두께로 두드려 편 후 3~4cm 크기로
썬다.

2
양배추는 사방 3cm 크기로 썬다.
꽈리고추는 포크로 앞뒤로 구멍을 낸다.
초생강은 0.7cm 두께로 채 썬다.
볼에 고기 양념 재료를 넣고 섞는다.

3
달군 팬에 포도씨유를 두르고 목살을 올린 후
센 불에서 소금, 후춧가루를 살짝 뿌리고
1~2분간 구운 색이 나게 앞뒤로 굽는다.

4
고기를 한쪽으로 밀어 놓고
양배추, 꽈리고추를 넣어 1분 정도 더
익힌 후 채소는 따로 덜어 둔다.

5
④의 팬에 ②의 고기 양념 재료를 넣고
중간 불에서 고기를 앞뒤로 뒤집으며 국물이
거의 다 없어질 때까지 4~5분간 졸인다.

6
덜어 둔 양배추, 꽈리고추, 채 썬 초생강을 넣고
골고루 섞은 후 그릇에 담고 쪽파를 올린다.

한방 돼지 갈비구이

🍲 2~3인분

🕐 10~15분

(+ 고기 밑간하기 1시간)

- 돼지 목살 600g(또는 갈비살)
- 파채 약간(생략 가능)

1차 양념
- 양파 간 것 10큰술(100g)
- 설탕 2큰술

2차 양념
- 양조간장 3큰술
- 청주 2큰술
- 물엿 2큰술
- 콜라 1/2컵(또는 사이다, 100㎖)
- 쌍화탕 3큰술
- 다진 마늘 2큰술
- 다진 생강 1큰술
- 참기름 1큰술
- 후춧가루 1/2작은술

명랑쌤 비법 1, 2차 양념으로 냄새는 줄이고 고기는 연하게

목살처럼 도톰한 고기는 얇게 두드려 펴야 양념을 해야 익은 후 덜 질겨요. 또한 시간차를 두고 양념을 하면 1차 양념의 설탕, 2차 양념의 콜라가 연육작용을 도와 두꺼운 고기도 부드러워져요. 쌍화탕은 한약재의 맛도 내지만 누린내를 제거하는 효과도 커요.

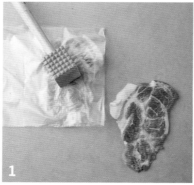

1cm 이상 두께로 자른 목살에 비닐을 덮은 후 칼등 또는 스테이크용 망치로 0.6~0.7cm 두께로 두드려 편다.

볼에 1차 양념 재료를 넣고 섞는다. 다른 큰 볼에 2차 양념 재료를 넣고 섞는다.

트레이에 ①의 목살을 올리고 ②의 1차 양념을 위아래 골고루 펴 바른 후 30분간 재운다.

양념을 대충 긁어낸 후 ②의 2차 양념 볼에 다시 넣고 버무려 30분간 재운다.

달군 팬에 국물을 조금씩 부어가면서 중간 불에서 국물이 거의 졸아들 때까지 앞뒤로 약 7~8분 정도 굽는다. 그릇에 담고 파채를 올린다.

카레향 돼지 꼬치구이

🥄 2~3인분

🕐 15~20분
   (+ 고기 밑간하기 1시간)

명랑쌤 비법 꼬치에 예쁘게 끼우는 요령
양념한 고기는 흐물거려 꼬치에 예쁘게 끼우기가 쉽지 않아요. 고기를 꼬치에
지그재그로 대충 끼운 후 모양을 조금씩 잡아주면 돼요. 뭉쳐 있는 부분은 구울 때
안익을 수 있기 때문에 펼쳐줘야 골고루 익어요.

- 돼지 불고기용 300g
  (또는 목살, 등심, 앞다리살 등)
- 양파 간 것 3큰술
- 설탕 1큰술
- 송송 썬 쪽파 약간(생략 가능)
- 통깨 약간(생략 가능)
- 포도씨유 약간
- 나무꼬치 13~15개

카레 양념
- 카레가루 2큰술
- 물엿 1큰술
- 청주 2큰술
- 양조간장 1/2큰술
- 다진 생강 2/3작은술
- 참기름 1/2큰술

1 볼에 양파 간 것, 설탕을 넣고 섞은 후 얇게 썬 돼지고기를 넣고 골고루 버무려 30분 이상 재운다.

2 체에 밭쳐 10분 이상 수분을 제거한다.

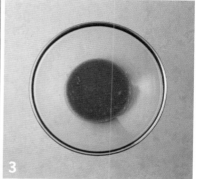

3 볼에 카레 양념 재료를 넣고 섞는다.

4 ②의 밑간한 돼지고기를 ③의 볼에 넣고 골고루 버무어 다시 30분 이상 재운다.

5 꼬치에 지그재그로 고기를 잘 끼운다.

6 달군 팬에 포도씨유를 두르고 중간 불에서 뒤집개로 눌러가며 앞뒤로 구운색이 날 때까지 5~6분 이상 충분히 굽는다. 그릇에 담고 쪽파, 통깨를 올린다. * 팬에 구운 후 마지막에 토치로 불맛을 입히면 더 맛있어요.

마늘 크림소스 돼지 목살스테이크
_레시피 80쪽

마늘 크림소스 돼지 목살스테이크

🥄 2~3인분

🕐 25~30분
(+ 고기 밑간하기 20분)

- 돼지 목살(구이용) 400g
- 양송이버섯 10개
- 밀가루 약간
- 올리브유 1큰술 + 2큰술
- 버터 1큰술
- 소금 약간
- 후춧가루 약간
- 시판 마늘칩 1/3컵
- 다진 파슬리 약간

고기 밑간
- 스테이크시즈닝 1/2작은술
  (또는 허브솔트)
- 올리브유 1큰술
- 로즈마리 1줄기

스테이크소스
- 설탕 1작은술
- 화이트와인 1/2컵(100㎖)
- 스테이크소스 3큰술
- 머스터드 1/2작은술

치즈소스
- 생크림 약 1/3컵(70㎖)
- 슬라이스 치즈 1장
- 꿀 1/4작은술
- 마늘 2쪽(편으로 썰어두기)
- 후춧가루 1/4작은술

명랑쌤 비법 1 집에서 마늘칩 만들어 사용하기

마늘(약 20쪽 분량)은 얇게 편 썰어 소금물(물 5컵 + 소금 1~2큰술)에 1시간 정도 담가 끈적하고 매운 맛을 제거한 후 물에 2~3번 헹궈요. 다음은 실온에서 1~2시간 건조시키거나 식품건조기에 말린 후 170℃ 기름에 갈색이 나면서 바삭하게 될 때까지 튀겨요. 잘 식혀서 밀봉하면 2주 정도 보관 가능해요. 안주로도 좋아요.
연근칩, 감자칩도 가능한데, 최대한 얇게 써는 것이 포인트예요.

명랑쌤 비법 2 올리브유와 버터로 풍미 있게 굽기

고기를 구울 때 버터만 사용하면 빨리 타고, 올리브유는 버터의 풍미가 없기 때문에 2가지를 함께 사용해서 맛과 작업성을 높였어요. 대부분의 서양요리에 적용할 수 있지만 한식과 중식은 맛과 풍미가 달라질 수 있으므로 추천하지 않아요.

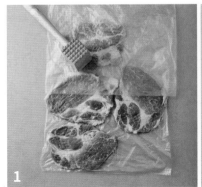

1 구이용 목살은 비닐을 덮고 칼등 또는 스테이크용 망치로 0.8~0.9cm 두께로 두드려 편다.

2 트레이에 ①의 고기, 고기 밑간 재료를 넣고 버무려 20분 이상 재운다.

양송이버섯은 2등분한다.

팬에 올리브유(1큰술), 양송이버섯을 넣고
센 불에서 1~2분간 볶는다. 소금, 후춧가루를
넣고 불을 끈다.

②의 목살에 가는 체를 이용해서
밀가루를 앞뒤로 골고루 뿌린다.

달군 팬에 올리브유(2큰술), 버터(1큰술)를
두르고 중간 불에서 구운 색이 날 때까지
3~4분간 구운 후 덜어 둔다.

⑥의 팬에 스테이크소스 재료를 넣고
걸쭉한 농도가 될 때까지 바닥을 긁으면서
센 불에서 1~2분간 끓인다.

냄비에 치즈소스 재료를 넣고 약한 불에서
2분간 은근히 끓인다. 그릇에 구운 고기,
버섯을 담고 2가지 소스, 마늘칩,
다진 파슬리를 올린다. * 소스의 느끼한 맛을
편 썬 마늘, 마늘칩이 잡아줘요.

도톰한 돈가스와 양배추샐러드
_레시피 84쪽

탕수육
_레시피 86쪽

도톰한 돈가스와 양배추샐러드

🥣 2~3인분

🕐 30~35분
(+ 고기 밑간하기 1시간)

- 돼지 등심(돈가스용) 400g
- 화이트와인 1/2컵
  (또는 청주나 소주, 100㎖)
- 사이다 약 1/3컵(70㎖)
- 밀가루 1컵
- 달걀 2~3개
- 빵가루 3~4컵
- 채 썬 양배추 약간
- 식용유 7과 1/2컵(튀김용, 1.5ℓ)

고기 밑간
- 소금 1작은술
- 맛술 1큰술
- 머스터드 1큰술
- 다진 마늘 1큰술
- 다진 생강 1작은술
- 후춧가루 1/4작은술

돈가스소스
- 설탕 1큰술
- 시판 돈가스소스 1컵
- 우스터소스 1/3컵
- 토마토케첩 1/4 컵
- 녹말가루 1작은술
- 사과 간 것 1/3컵

양배추 드레싱
- 설탕 1/2큰술
- 사과 간 것 3큰술
- 마요네즈 3큰술
- 토마토케첩 1큰술
- 홀그레인 머스터드 2작은술
- 레몬즙 1/2큰술
- 소금 1/3작은술

명랑쌤 비법 1 도톰한 돈가스 부드럽게 만들기

돼지고기에 와인, 사이다, 콜라 등을 부어 재우면 육류의 냄새 제거에 효과적이고
부드럽게 하는 효과가 있어요. 돈가스는 튀김옷 겉면에 색이 배어나올 수 있기 때문에
레드와인보다는 화이트와인, 콜라보다는 사이다를 넣으면 고기 색이 변하지 않아요.

명랑쌤 비법 2 넉넉히 만들어 냉동하기

돈가스는 누구나 좋아하는 메뉴잖아요. 많이 만들어 냉동해 두었다가 필요할 때
꺼내 조리하면 좋아요. 냉동실에서 꺼내 바로 전자레인지에 1~2분 녹인 후 튀겨요.
냉동된 상태로 조리하면 속은 익지 않고 겉만 타니 주의해야 해요.

tip — **다른 재료로 대체하기**
　　　우스터소스가 없다면 동량의 스테이크소스나 돈가스소스, 또는 맛간장 2/3큰술로
　　　대체해도 돼요. 맛간장은 짠맛이 강해서 30% 정도 적은 양을 사용하세요.

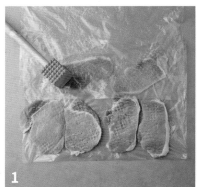

돼지고기 등심은 돈가스용으로 썰어
비닐을 덮고 칼등 또는 스테이크 망치로
약 0.7cm 두께로 두드려 편다.

볼에 넣고 사이다를 골고루 뿌려
30분 이상 재운다.

볼에 고기 밑간 재료를 넣고 섞는다.
다른 볼에 양배추 드레싱을 넣고 섞는다.
또 다른 볼에 달걀을 푼다.

고기를 체에 밭쳐 수분을 제거한 후
남은 수분은 키친타월로 살짝 눌러 닦는다.

트레이에 고기를 올리고 붓을 이용해
밑간을 골고루 펴 바르고 30분간 그대로 둔다.

밀가루, 달걀, 빵가루를 각각 담아서
밀가루 → 달걀 → 빵가루 순으로 입힌다.
* 빵가루는 꾹꾹 눌러가며 넉넉히 입혀요.

냄비에 식용유를 붓고 170℃(반죽을
넣었을 때 가라앉았다가 2초 후 떠오르는
정도)로 끓인다. 고기를 넣고 앞뒤로
뒤집어 가면서 8~12분 정도 겉면이
바삭하고 구운 색이 날 때까지 튀긴다.

작은 냄비에 돈가스소스 재료를 넣고
센 불에서 끓어오르면 1~2분 더 끓인 후
불을 끈다. 그릇에 담고 양배추와 드레싱,
따뜻한 소스를 곁들인다.

온가족이 좋아하는 중국집 최애 메뉴

탕수육

🥣 2~3인분

🕐 35~40분
  (+ 녹말 불리기와
  고기 밑간하기 2~3시간)

- 돼지 안심 300g(또는 등심, 앞다리살)
- 녹말가루 2/3컵
- 냉수 2와 1/2컵(300㎖)
- 달걀흰자 1~2개
- 포도씨유 1큰술
- 식용유 5컵 이상(튀김용, 1ℓ 이상)

고기 밑간
- 다진 마늘 1큰술
- 다진 생강 1/2작은술
- 청주 1큰술
- 소금 1작은술
- 후춧가루 약간

탕수육소스
- 당근 1/4개
- 오이 1/4개
- 홍피망 1/2개(50g)
- 불린 목이버섯 1개
- 통조림 파인애플링 1개
- 마늘 5쪽
- 편 썬 생강 1조각
- 황설탕 5큰술(또는 설탕)
- 양조간장 2와 1/2큰술
- 식초 2와 1/2큰술
- 소금 약간
- 물 1과 1/2컵(300㎖)
- 녹말물 3~4큰술
  (물 : 녹말가루 = 1 : 1)

명랑쌤 비법 1 바삭한 튀김을 위한 튀김용 녹말물 만들기

튀김을 할 때 녹말을 불리지 않고 날가루만 입히면 튀김옷이 너무 얇고, 녹말물을 바로 만들어 사용하면 물기가 많아서 바삭하지 않아요. 녹말을 미리 불리면 겉의 튀김옷은 약간 두껍지만 적당하게 바삭하고, 속은 부드럽게 튀겨져요. 두께가 어느 정도 있는 튀김을 하려면 냉장실에서 최소 2~3시간 이상 녹말을 미리 불린 후 물을 따라내고 사용해야 해요.

명랑쌤 비법 2 다른 부위, 다른 맛으로 응용하기

탕수육용 돼지고기는 안심, 등심, 앞다리살 등 기름기가 많지 않은 부위가 좋아요.
소스는 토마토케첩을 넣고 완성해도 돼요.

1 볼에 녹말가루, 냉수(2와 1/2컵)를 넣고 잘 섞어 냉장실에서 최소 2~3시간 이상 충분히 불린다.

2 돼지고기는 1~1.3cm 두께, 4~5cm 길이로 썬다. 볼에 고기 밑간 재료를 넣고 섞는다.

3
고기 밑간 재료의 볼에 돼지고기를 넣고
버무려 20분간 재운다.

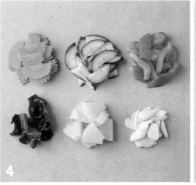

4
탕수육소스의 당근, 오이는 2등분해서
납작하게 썬다. 홍피망, 목이버섯, 파인애플은
사방 3cm 크기로 썬다. 마늘은 편 썬다.

5
①의 불린 녹말물의 물은 따라내고 가라앉은
앙금에 달걀흰자를 넣고 풀어주면서 골고루 섞는다.
* 달걀흰자를 조금씩 나눠 넣으면서 무겁게
뚝뚝 떨어지는 정도의 농도로 조절해요.

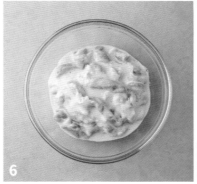

6
③의 돼지고기를 넣고 골고루 버무린다.
냄비에 식용유를 붓고 170℃
(반죽을 넣었을 때 가라앉았다가
2초 후 떠오르는 정도)로 끓인다.

7
돼지고기를 넣고 3~4분씩 두 번 튀긴다.
* 소스에 버무리면 쉽게 눅눅해지기 때문에
바삭하게 두 번 튀기는 게 좋아요.

8
냄비에 포도씨유(1큰술)를 두르고
탕수육소스 재료의 마늘, 생강을 넣어
센 불에서 1~2분간 볶은 후
채소, 파인애플을 넣고 30초간 더 볶는다.

9
설탕, 간장, 식초, 소금, 물(1과 1/2컵)을
넣고 센 불에서 끓인다. 작은 볼에 녹말물
재료를 넣고 섞는다

10
바글바글 끓어오르면 30초 정도 끓인 후
녹말물을 넣고 섞는다. 튀긴 고기 위에 붓거나
그릇에 따로 담아 낸다.

바삭 등갈비강정

🥘 2~3인분

🕐 15~20분
  (+ 고기 핏물 제거하기와
  밑간하기 1시간 30분)

- 돼지 등갈비 600g
- 소금 1/2작은술
- 양파 간 것 2큰술
- 청주 2큰술
- 후춧가루 약간
- 녹말가루 1컵
- 식용유 5컵(튀김용, 1ℓ)
- 다진 잣, 송송 썬 쪽파 약간씩

조림 양념
- 2등분한 대파 5cm
- 설탕 2큰술
- 올리고당 1큰술
- 양조간장 2큰술
- 참치액 1/2큰술
- 청주 2큰술
- 마늘 3쪽(편으로 썰어두기)
- 편 썬 생강 1조각
- 레몬즙 2작은술
- 건고추 1개(또는 베트남고추)
- 물 1/3컵(약 70㎖)
- 참기름 1작은술
- 후춧가루 약간

명랑쌤 비법 1 등갈비 부드럽게 만들기

오븐에 굽는 양식 스타일이나 튀기는 등갈비는 데치면 수분이 빠지면서
살이 질겨지기 때문에 데치지 않고 그대로 사용해요.
물에 담가 핏물만 충분히 제거해도 누린내, 잡내를 없앨 수 있어요.

명랑쌤 비법 2 바삭하게 튀기는 요령

수분이 있는 반죽을 입힐 경우 두 번 튀겨야 수분이 날아가면서 바삭해져요.
등갈비 강정은 녹말가루만 입혔기 때문에 한번만 튀겨도 바삭함이 오래 유지되므로
굳이 두 번 튀기지 않아도 돼요.

1
등갈비는 쪽으로 잘라서 찬물에 담가
30분 이상 핏물을 제거한 후 체에 밭쳐
수분을 제거한다.

2
큰 볼에 소금, 후춧가루, 양파 간 것, 청주를
넣고 섞은 후 ①의 등갈비를 넣고 버무려
1시간 재운다.

3
수분이 있는 촉촉한 상태에서 녹말가루를
꾹꾹 눌러가며 골고루 입힌다.

4
냄비에 식용유를 붓고 170℃(반죽을
넣었을 때 가라앉았다가 2초 후 떠오르는
정도로) 끓인다. 겉면을 바삭하고
구운 색이 날 때까지 약 7~8분간 튀긴다.

5
깊은 팬에 조림 양념 재료를 넣고 센 불에서
끓어오르면 튀긴 등갈비를 넣고 재빨리 섞은 후
참기름, 후춧가루를 넣어 섞는다. 그릇에 담고
잣, 쪽파를 올린다.

과일소스의 새콤달콤한 맛을 더한 양식풍 요리

통삼겹 오븐구이와 오렌지소스

- 2~3인분
- 45~50분
  (+ 고기 삶기와 식히기 1시간)

명랑쌤 비법 육즙 가득한 오븐구이 즐기기

통삼겹살 이외에 오겹살, 등심, 목살 등 다른 부위도 가능한데, 덩어리째 삶아서 구워야
육즙이 빠지지 않아요. 삶지 않고 오븐에서만 구워 익히면 수분과 육즙이 많이 빠져서 고기가
질기고 뻣뻣해요. 물에 삶으면 누린내도 제거되고 오븐에 구웠을 때 속이 더 부드러워요.

- 통삼겹살 500~600g(또는 등심, 목살)
- 어린잎 채소 약간
  (또는 과일이나 구운 채소)
- 다진 파슬리 약간(생략 가능)

고기 삶는 재료
- 대파(푸른 부분 20cm) 3~4대
- 마늘 5쪽
- 생강(마늘 크기) 1톨
- 맛술 1/2컵(100㎖)
- 청주 1/2컵(100㎖)
- 월계수잎 3장
- 쌈장 2큰술
- 통후추 1작은술
- 물 10컵(2ℓ)

고기 양념
- 스테이크시즈닝 2작은술
  (또는 허브솔트)
- 소금 1/3작은술
- 다진 마늘 2큰술
- 녹인 버터 1큰술
- 올리브유 2큰술

오렌지소스
- 버터 1큰술
- 밀가루 2/3큰술
- 설탕 1/2큰술
- 오렌지주스 4큰술
- 바비큐소스 3큰술
- 토마토케첩 1큰술
- 후춧가루 약간

1 냄비에 통삼겹살, 고기 삶는 재료를 넣고
센 불에서 끓어오르면 중약 불로 줄인 후
뚜껑을 덮고 50분간 삶는다.

* 쌈장은 누린내 제거 효과가 뛰어나요.

2 트레이에 올려 10분간 식힌다.
볼에 고기 양념 재료를 섞는다.
오븐은 170℃로 예열한다.

3 고기에 양념을 골고루 바르고 10분 이상
그대로 두었다가 170℃ 오븐에 껍질이 위로
향하게 넣고 25~30분간 굽는다.

* 껍질이 위로 향하게 구우면 껍질의 지방이
속으로 스며들어 고기가 더 고소하고
부드러워져요.

4 작은 냄비에 오렌지소스 재료의 버터, 밀가루를
넣고 약한 불에서 1~2분간 볶는다.

5 나머지 재료를 모두 넣고 걸쭉한 상태가
될 때까지 약한 불에서 3~4분간 끓인다.

6 돼지고기를 0.5cm 두께로 납작하게 썬다.
그릇에 ⑤의 뜨거운 오렌지소스를 담고
고기, 어린잎 채소를 올린다.

패밀리 레스토랑에서 먹던 바로 그 맛, 집에서도 가능해요!

바비큐 백립

🥣 2~3인분
🕐 55~60분
(+ 고기 핏물 제거하기와
밑간하기 2시간)

명랑쌤 비법 백립의 누린내 완벽 제거법
보통 바비큐 백립 요리는 국산보다 뼈의 크기가 크고 살도 두꺼운 수입고기를 많이 사용해요.
그래서 누린내 제거가 정말 중요한데, 1차로 물에 1시간 이상 담가 핏물을 충분히 빼고,
2차로 고기 삶는 재료와 함께 삶아서 기름기와 냄새를 제거한 후 요리하는 게 좋아요.

- 돼지 등갈비 900g~1kg
- 다진 파슬리 약간(생략 가능)

고기 삶는 재료
- 양파 1개
- 마늘 5쪽
- 편 썬 생강 3조각
- 월계수잎 3장
- 물 10컵(2ℓ)
- 청주 1/2컵(100㎖)
- 통후추 2작은술

백립소스
- 버터 1큰술
- 다진 마늘 2큰술
- 다진 양파 3큰술
- 바비큐소스 1/3컵
- 토마토케첩 1/3컵
- 꿀 1큰술
- 물 약 1/3컵(70㎖)
- 치킨스톡 1/3개
- 발사믹글레이즈 1/2큰술
  (또는 발사믹식초 1작은술, 생략 가능)
- 우스터소스 1큰술

tip — **다른 재료로 대체하기**
우스터소스가 없다면 동량의
스테이크소스나 돈가스소스,
또는 맛간장 2/3큰술로 대체해도 돼요.
맛간장은 짠맛이 강해서 30% 정도
적은 양을 사용하세요.

1 등갈비는 1쪽씩 잘라 냉수에 1시간 이상
담가 핏물을 제거한다.

2 넉넉한 냄비에 고기 삶는 재료를 넣고
센 불에서 끓어오르면 등갈비를 넣고
중간 불에서 12분간 삶은 후 체에 밭친다.

3 작은 냄비에 백립소스 재료의 버터, 다진 마늘,
다진 양파를 넣고 중간 불에서 1분간 볶는다.

4 나머지 백립소스 재료를 모두 넣고
중약 불에서 7~8분간 은근히 끓인다.

5 ②의 등갈비에 ④의 소스를 넣고
골고루 버무려 1시간 이상 재운다.
오븐은 180℃로 예열한다.

6 180℃ 오븐에 넣고 흘러내린 소스를
덧발라가면서 35~40분간 굽는다. 중간에
한 번 뒤집어준다. * 등뼈의 굵기, 고기 두께에
따라 굽는 시간은 차이가 날 수 있어요.

Part 03 --

간식은 물론 밥반찬, 술안주로도 훌륭한

닭고기
요리

닭고기 요리하면 프라이드 치킨이 떠오르죠.
이 닭 튀김 덕분에 실제로도 닭고기가
우리나라에서 가장 많이 소비되는 육류라고 해요.
닭고기는 부위별로 다양하게 나오기 때문에
조리가 의외로 쉬운데, 가정에서는 활용을 못하는
경우가 많아요. 이 책에서는 아이부터 어른까지,
간식부터 밥반찬, 술안주까지 두루두루 즐길 수 있는
한 끗 다른 닭고기 요리를 소개할게요.

명랑쌤 비법으로 닭냄새를 싹 없앤

닭가슴살 냉채

🥄 2~3인분

🕐 40~45분
(+ 닭고기 삶기와
냉채소스 숙성시키기 30분)

명랑쌤 비법 닭가슴살 부드럽게, 냄새 없이 요리하기

닭고기는 센 불에서 재빨리 삶는 것보다 80~90℃의 온도에서 은근히 삶는 것이 식어도 부드러워요. 특히 닭가슴살은 자체가 뻑뻑하기 때문에 삶은 국물에 담가 식히는 것이 좋고요. 또한 닭가슴살처럼 기름기가 적은 고기는 삶은 후 공기 중에 오래 놔두면 닭비린내가 나기 때문에 냉장실 등에 넣어 식히는 시간을 최대한 단축시키고 가늘게 찢어 요리해요.

- 닭가슴살 3쪽(300g)
- 배 1개
- 오이 1과 1/2개
- 적양배추 5장(손바닥 크기)
- 셀러리 10cm 2줄기

닭고기 삶는 재료
- 설탕 1큰술
- 소금 1큰술
- 대파(푸른 부분 10cm) 6대
- 청주 1/4컵(50㎖)
- 편 썬 생강 2조각
- 물 6컵(1.2ℓ)

냉채소스
- 설탕 2큰술
- 배 간 것 1/3컵
- 연겨자 2/3큰술
- 유자청 1큰술
- 식초 2큰술
- 다진 잣 2큰술
- 다진 마늘 1큰술
- 다진 청양고추 1개분

1 넉넉한 냄비에 닭고기 삶는 재료를 넣고
센 불에서 끓어오르면 닭가슴살을 넣고
약한 불로 줄여 20분간 삶는다.

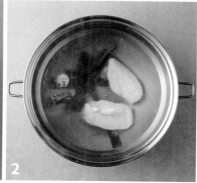

2 닭고기는 삶은 국물에 그대로 담가
차갑게 식힌다. * 기온이 높은 여름철에는
쉽게 상할 수 있으니 선풍기를 틀거나
냄비째 냉장실에 넣어 재빨리 식혀요.

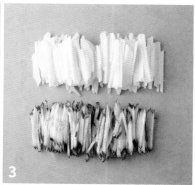

3 배, 오이는 얇게 채 썬다.

4 적양배추, 셀러리는 얇게 채 썬 후
각각 잠길 만큼의 냉수에 담가 향과 색이
빠지도록 30분 정도 담갔다가 냉수에
한 번 더 헹군 후 수분을 제거한다.

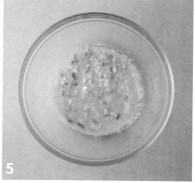

5 볼에 냉채소스 재료를 모두 넣고 섞은 후
30분간 냉장실에서 숙성시킨다.

6 ②의 식힌 닭고기를 가늘게 찢은 후 그릇에
채소와 함께 보기 좋게 담고 소스를 곁들인다.
* 차갑게 먹기 때문에 닭고기는 최대한
가늘게 찢는 게 좋아요.

입맛을 돋우는 양념과 쫄깃한 식감을 살린

매콤한 닭무침

🍲 2~3인분
🕐 35~40분
　(+ 닭고기 삶기 20분)

명랑쌤 비법 1 무침용 닭고기는 식감을 살려 쫄깃하게
냉채의 경우 양념이 자극적이지 않아서 닭비린내가 쉽게 드러나는 반면, 무침용 닭고기는
양념 맛이 강해 닭비린내가 잘 느껴지지 않아요. 때문에 체에 밭쳐 말리듯이 식은 후 굵게 찢어
냉장실에 보관하면 더 쫄깃한 닭무침을 만들 수 있어요.

명랑쌤 비법 2 양념 쏙쏙 배게 무치는 비법
닭고기와 채소에 무침 양념을 각각 반씩 나눠 버무리면 닭고기와 채소에 양념이 쏙 배어 맛있게
먹을 수 있어요. 한꺼번에 버무리면 닭고기가 양념을 흡수해서 채소 무침이 싱거워져요.

- 닭가슴살 4쪽(400g)
- 배 100g
- 양파 1/3개
- 양배추 2장(손바닥 크기)
- 청양고추 1~2개
- 오이 1/2개
- 다진 파 2큰술

닭고기 삶는 재료
- 물 6컵(1.2ℓ)
- 마늘 5쪽
- 생강(마늘 크기) 1톨
- 대파 20cm
- 청주 4큰술
- 소금 1작은술
- 통후추 1작은술

무침 양념
- 고추장 2큰술
- 고춧가루 1과 1/2큰술
- 양조간장 1큰술
- 멸치액젓 1작은술(또는 다른 액젓)
- 설탕 1큰술
- 매실청 2큰술
- 다진 마늘 1/2큰술
- 연겨자 1/2작은술
- 식초 1과 1/2큰술
- 참기름 1큰술
- 통깨 1큰술
- 후춧가루 약간

1 넉넉한 냄비에 닭고기 삶는 재료를 넣고 센 불에서 끓어오르면 닭가슴살을 넣고 중간 불에서 20분간 삶는다.

2 배는 1×6cm 크기로 납작하게, 양배추는 1.2×6cm 크기로 썬다. 오이는 길이로 2등분한 후 씨부분을 살짝 파내고 6cm 길이, 0.3cm 두께로 어슷 썬다. 고추도 어슷하게 썬다.

3 양파는 0.7cm 두께로 채 썬 후 냉수에 20분간 담갔다가 수분을 제거한다. 볼에 무침 양념 재료를 넣고 섞는다.

4 삶은 닭가슴살은 체에 건져 차갑게 식힌다.

5 식으면 손가락 굵기로 찢은 후 냉장실에서 차갑게 보관한다.

6 닭고기에 무침 양념 1/2분량, 채소에 무침 양념 1/2분량을 각각 넣고 섞은 후 두 가지를 합쳐 가볍게 섞는다.

춘천 닭갈비

🥣 2~3인분
🕐 25~30분
　　(+ 고기 밑간하기 30분)

명랑쌤 비법 남은 양념까지 맛있게 먹기
닭갈비를 다 먹고 난 후 자작하게 남은 양념에 밥을 볶아 먹는 것도 별미죠.
다진 파, 다진 미나리, 콩나물무침, 김자반 등을 넣고 마지막에 참기름을 둘러 밥을 볶으면
푸짐하고 맛있는 한끼 식사가 됩니다.

- 닭다리살 4쪽(400~450g)
- 양배추 5~6장(손바닥 크기)
- 양파 3/4개
- 고구마 3/4개
- 당근 1/3개
- 깻잎 5장
- 대파 20cm
- 청양고추 3개
- 고추기름 2큰술
  - * 만들기 19쪽

닭갈비 양념
- 설탕 2큰술
- 매실청 2큰술
- 양조간장 1과 1/2큰술
- 참치액 1/2큰술
- 고추장 1큰술
- 고춧가루 2와 1/2큰술
- 카레가루 1/2큰술
- 청주 2큰술
- 다진 마늘 1큰술
- 다진 생강 1작은술
- 깨소금 1큰술
- 참기름 1/2큰술
- 후춧가루 약간

1 닭다리살은 사방 3cm 크기로 썬다.

2 볼에 닭갈비 양념 재료를 넣고 섞은 후
①의 닭다리살을 넣고 골고루 버무려
30분 이상 재운다.

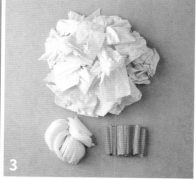

3 양배추는 4×5cm 크기로 썬다.
양파 1cm 두께로 채 썬다.
당근은 5cm 길이로 납작하게 썬다.

4 고구마는 껍질째 1×5cm 크기로 썬다.
깻잎은 반으로 갈라 6등분한다.
대파, 고추는 굵게 어슷 썬다.

5 프라이팬에 고추기름을 두르고
가운데 닭고기, 둘레에 깻잎, 대파, 고추를
제외한 채소를 올린 후 중약 불에서 채소가
숨이 죽고 수분이 생길 때까지 볶는다.
* 조랭이떡을 넣어도 좋아요.

6 뚜껑을 덮고 센 불로 올려 중간중간
뒤집으면서 15분 정도 익힌다.
닭고기, 당근, 고구마가 익으면 깻잎, 대파,
고추를 넣고 골고루 섞은 후 불을 끈다.

별미 안동 찜닭
_레시피 104쪽

토마토소스 닭다리조림
_레시피 106쪽

채소, 당면과 함께 푸짐하게 즐기는

별미 안동 찜닭

🥢 2~3인분

🕐 40~45분
(+ 당면 불리기 30분)

- 닭 1마리(닭볶음탕용, 1kg)
- 넓적당면 150g
- 감자 2개
- 양파 1개
- 청오이 1/2개
- 당근 1/4개
- 청경채 4개
- 대파 15cm
- 청양고추 3~4개
- 건고추 3개(또는 베트남고추)
- 참기름 1/2큰술
- 고추기름 1큰술
  * 만들기 19쪽

닭 삶는 재료
- 물 5컵(1ℓ)
- 청주 3큰술
- 편 썬 생강 2조각

양념장
- 닭 삶은 국물 3컵(600㎖)
- 양조간장 3큰술
- 중국간장 2큰술
  (또는 양조간장 1과 1/2큰술,
  생략 가능)
- 굴소스 1큰술
- 황설탕 2큰술
  (또는 흑설탕이나 설탕)
- 물엿 1과 1/2큰술
- 다진 마늘 2큰술
- 다진 생강 1작은술
- 청주 3큰술
- 후춧가루 약간

명랑쌤 비법 1 안동 찜닭 2배로 맛있게 조리하는 법

양념장을 넣기 전에 닭을 볶으면 살이 단단해져 잘 부서지지 않고 구운 향이 배어 국물도 구수해져요. 여기에 뜨거운 양념장을 넣어 조리하면 끓이는 시간도 단축되고 섞으면서 조리할 때 닭이나 감자가 부서지는 것도 막아줘요.

시간이 지나면 당면이 불어 국물이 거의 없어지기 때문에 뚜껑을 잠시 덮고 중간중간 뒤적이면서 국물이 자작하게 남아 있게 완성하는 것이 좋아요.

명랑쌤 비법 2 황설탕, 중국간장으로 감칠맛과 먹음직스러운 색 내기

양념장의 황설탕은 캐러멜 성분이 함유되어 있어 양념에 첨가하면 풍미가 좋아지고 색도 더 먹음직스럽게 완성돼요. 흑설탕이나 백설탕으로 대체 가능해요.

노추, 또는 노두유라고 부르는 중국간장은 우리나라 간장보다 색이 진하고 단맛이 나기 때문에 볶음 요리, 찜닭 요리에 많이 사용하는데, 양조간장보다 염도가 낮아 양조간장으로 대체 시 양을 줄여야 해요.

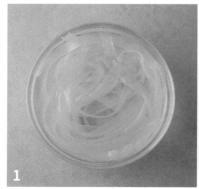

당면은 미지근한 물에 30분간 불린다.

넉넉한 냄비에 닭 삶는 재료를 넣고
센 불에서 끓어오르면 닭을 넣고 5분간 삶는다.

3
삶은 닭은 건져서 찬물에 한 번 헹군 후
체에 밭친다.

4
국물은 면보에 걸러 기름기를 제거한다.

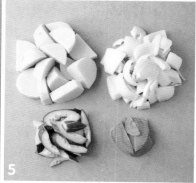

5
감자, 양파는 4×5cm 크기로 큼직하게 썬다.
청오이는 씨를 빼고 어슷하게 썬다.
당근은 반으로 갈라 얇게 썬다. * 껍질이 단단한
청오이는 끓여도 쉽게 물러지지 않아요.

6
청경채는 2등분한다. 파, 고추는
어슷하게 썬다.

7
냄비에 양념장 재료를 넣고
센 불에서 뜨겁게 데운다.

8
깊은 팬에 건고추, 삶은 닭, 고추기름,
참기름을 넣고 센 불에서 구운 색이 날 때까지
3~4분간 볶는다.

9
⑦의 뜨거운 양념장을 붓고 센 불에서
양념장이 끓어오르면 감자, 당근을 넣고
중간 불로 줄여 7분 정도 끓인다.

10
양파, 당면을 넣고 6분, 오이, 대파,
청양고추를 넣고 4분, 청경채를 넣고
2~3분간 끓인 후 불을 끈다.

토마토소스 닭다리조림

🍳 2~3인분

🕐 45~50분
    (+ 고기 밑간하기 30분)

- 닭다리 10개(1kg)
- 양파 1개
- 방울토마토 7개
- 통조림 홀토마토 500g
- 화이트와인 2큰술
  (또는 청주나 소주)
- 설탕 1~2큰술
- 바질페스토 1큰술(또는 다진 파)
- 다진 마늘 1큰술
- 건고추 5개(또는 베트남고추)
- 올리브유 2큰술
- 후춧가루 약간

고기 밑간
- 화이트와인 3큰술
  (또는 청주나 소주)
- 스테이크시즈닝 1작은술
  (또는 허브솔트)
- 후춧가루 약간

명랑쌤 비법 1 화이트와인으로 닭냄새 제거하기

닭고기 냄새 제거에 청주, 소주도 사용하지만 토마토소스가 들어가는 양식풍 요리이기 때문에 화이트와인이 더 잘 어울려요. 화이트와인은 마트에서 판매하는 저렴한 것을 구입하면 되는데, 요리용으로는 너무 달지 않은 게 좋아요. 화이트와인을 넣고 알코올 성분과 닭의 안 좋은 냄새가 함께 날아갈 수 있도록 반드시 뚜껑을 열고 센 불에서 끓여 주는 것이 포인트예요.

명랑쌤 비법 2 신맛이 많이 나는 홀토마토라면?

통조림 홀토마토는 브랜드마다 신맛이 달라요. 신맛이 강한 홀토마토일 경우 설탕을 약간 넣으면 신맛이 줄어들어요. 설탕은 기호에 따라 조절하세요.

1 닭다리는 뼈 사이사이 4군데 정도 칼집을 넣는다. * 칼집을 넣으면 잘 익고 양념이 속까지 쏙 배어 더 맛있어요.

2 볼에 닭다리, 고기 밑간 재료의 화이트와인(3큰술), 스테이크시즈닝, 후춧가루를 넣어 30분간 재운다.

3
양파는 사방 2cm 크기로 썬다.
방울토마토는 2등분한다. 건고추는 잘게
부순다. 홀토마토는 믹서에 간다.

4
팬에 올리브유, 양파, 마늘을 넣어
센 불에서 구운 색이 날 때까지
2~3분간 볶은 후 그릇에 덜어 둔다.

5
④의 팬에 ②의 밑간한 닭다리를 넣고
중간 불에서 7분 정도 구운 색이 날 때까지
굽는다. * 닭다리를 구우면 살이 덜 부서지고
구운 향의 풍미가 국물에 우러나요.

6
화이트와인(2큰술)을 넣고 센 불에서
1분 정도 끓이면서 알코올을 날린다.

7
홀토마토 간 것, 방울토마토, 건고추,
④의 양파와 마늘, 설탕을 넣고
뚜껑을 덮은 후 중약 불에서 20~25분간
끓인다.

8
걸쭉하게 농도가 생기면 바질페스토,
후춧가루를 넣고 골고루 섞은 후 불을 끈다.
* 숏파스타를 삶아서 곁들여도 좋아요.

간장 닭다리살조림
_레시피 110쪽

깐풍기
_레시피 112쪽

간장 닭다리살조림

🥄 2~3인분

🕐 30~35분
(+ 고기 밑간하기와
녹말가루 입히기 40분)

- 닭다리살 4쪽(400~450g)
- 삼색 파프리카 150g
- 양파 1/2개
- 마늘 4쪽
- 녹말가루 1컵
- 양파가루 2큰술(또는 마늘가루)
- 건고추 3개
  (또는 베트남고추, 생략 가능)
- 편 썬 생강 2조각
- 포도씨유 2컵(400㎖) + 1큰술

고기 밑간
- 청주 1큰술
- 맛술 1큰술
- 소금 1/2작은술
- 후춧가루 약간

조림 양념
- 양조간장 1큰술
- 굴소스 1큰술
- 매실청 1큰술
- 올리고당 2큰술
- 청주 2큰술
- 후춧가루 약간
- 물 약 1/3컵(70㎖)
- 녹말물 1큰술
  (물 : 녹말가루 = 1 : 1)

명랑쌤 비법 1 껍질 벗겨지지 않게 조리기
구운 닭다리살을 조림 양념에 넣은 후 양념 맛이 배면 바로 꺼내는 것이 좋아요.
오래 조리면 눅눅해지고 살과 껍질이 분리되어 요리가 지저분해져요.
조리는 대신 구운 닭다리살을 그릇에 담고 조림 양념을 끼얹어도 돼요.

명랑쌤 비법 2 요리에 윤기와 농도를 더하는 녹말물
녹말물은 물과 녹말가루를 2:1 또는 1:1의 비율로 섞은 것으로 농도를 맞출 때 사용해요.
먹음직스러운 윤기도 내 줍니다. 미리 만들어 두면 녹말가루가 가라앉아 딱딱해지기 때문에
사용 전에 잘 섞어야 해요. 녹말물 사용이 익숙하지 않은 경우 불을 끄거나 약한 불로 줄인 후
녹말물을 조금씩 넣고 저어가며 농도를 맞추는 게 좋아요. 한번 걸쭉해지면 물을 넣어도
잘 풀어지지 않기 때문에 한꺼번에 전부 넣지 않도록 주의해야 해요.

1 닭다리살 껍질 쪽에 여러 군데 깊숙이
칼집을 넣는다.

2 볼에 ①의 닭다리살, 밑간 재료를 넣고 버무려
20분간 재운다.

3
파프리카, 양파는 사방 1.3cm 크기로 썬다.
마늘은 굵게 다진다. 작은 볼에
녹말물 재료를 넣고 섞는다.

4
녹말가루, 양파가루를 섞은 후
닭다리살을 꾹꾹 눌러 입히고 살짝 털어
촉촉해질 때까지 20분 이상 그대로 둔다.

5
팬에 포도씨유(2컵), 건고추, 편 썬 생강,
닭고기를 넣고 중약 불에서 10분 이상
서서히 익힌다. * 아이용으로 만들 때는
건고추를 생략해요.

6
앞뒤로 구운 색이 나면서 완전히 익으면
체에 밭쳐 기름을 뺀다.
* 구우면 기름이 적게 들어요.
170℃ 기름에 7~8분 정도 튀겨도 돼요.

7
다른 팬을 달궈 포도씨유(1큰술)를
두르고 양파, 파프리카, 다진 마늘을 넣고
센 불에서 1분간 볶는다.

8
조림 양념 재료를 넣고 센 불에서 끓어오르면
녹말물(1큰술)을 넣고 30초간 더 끓인다.
* 녹말물은 농도를 봐 가면서 조절해요.

9
구운 닭고기를 넣고 골고루 섞으면서
중간 불에서 1~2분간 조린다.

깐풍기

- 2~3인분
- 25~30분
  (+ 녹말 불리기와
  고기 밑간하기 2~3시간)

- 닭가슴살 4쪽
  (또는 닭안심, 닭다리살 등, 400~450g)
- 양상추 13장(손바닥 크기)
- 녹말가루 2/3컵
- 냉수 1컵(200㎖)
- 달걀흰자 1~2개
- 다진 대파 1/3컵
- 참기름 1작은술
- 후춧가루 약간
- 식용유 5컵 이상(튀김용, 1ℓ 이상)

고기 밑간
- 청주 2큰술
- 소금 2꼬집
- 후춧가루 약간

1차 소스
- 건고추 4개(또는 베트남고추)
- 다진 마늘 1과 1/2큰술
- 편 썬 생강 1조각
- 다진 청고추 2큰술
- 다진 홍고추 2큰술
- 고추기름 1큰술
  * 만들기 19쪽

2차 소스
- 설탕 2큰술
- 양조간장 2큰술
- 식초 2큰술
- 청주 2큰술
- 물 2큰술

명랑쌤 비법 1 깐풍기 맛있게 만드는 포인트

중국요리인 깐풍기의 '깐풍'은 국물 없이 마르게 볶은 음식, '기'는 닭고기를 가르켜요. 국물 없이 완성하려면 끓는 소스에 튀긴 닭고기를 넣고 재빨리 볶아야 하는데, 소스 끓이기부터 튀긴 닭에 소스 입히기까지 센 불을 계속 유지하면서 조리하는 게 깐풍기를 맛있게 만드는 포인트예요. 탕수육처럼 소스를 듬뿍 끼얹는 것이 아니기 때문에 한 번만 튀겨도 되지만 소스에 넣기 전 닭 튀김이 눅눅하다면 한 번 더 튀겨도 돼요.

명랑쌤 비법 2 바삭한 튀김을 위한 튀김용 녹말물 만들기

튀김을 할 때 녹말을 불리지 않고 날가루만 입히면 튀김옷이 너무 얇고, 녹말물을 바로 만들어 사용하면 물기가 많아서 바삭하지 않아요. 녹말을 미리 불리면 겉의 튀김옷은 약간 두껍지만 적당하게 바삭하고, 속은 부드럽게 튀겨져요. 두께가 어느 정도 있는 튀김을 하려면 냉장실에서 최소 2~3시간 이상 녹말을 미리 불린 후 물을 따라내고 사용해야 해요.

1
볼에 녹말가루, 냉수(1컵)를 넣고 잘 섞어
냉장실에서 최소 2~3시간 이상 충분히
불린다.

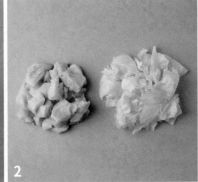

2
닭가슴살은 사방 3cm 크기로 썬다.
양상추는 먹기 좋은 크기로 뜯는다.

3 볼에 고기 밑간 재료, 닭가슴살을 넣고 버무려 20분간 재운 후 체에 밭쳐 수분을 제거한다.

4 2개의 볼에 1차 소스, 2차 소스 재료를 각각 넣고 섞는다. * 건고추는 2~3등분으로 잘라 넣어요.

5 ③의 닭고기에 물을 따라낸 녹말물, 달걀흰자(1개)를 넣고 섞는다. * 튀김옷을 먼저 만든 후 닭고기를 넣어도 돼요.

6 나머지 달걀흰자(1개)를 넣으면서 무겁게 뚝뚝 떨어지는 정도의 농도로 조절한다. 냄비에 식용유를 붓고 170℃(반죽을 넣었을 때 가라앉았다가 2초 후 떠오르는 정도)로 끓인다.

7 튀김옷을 입힌 닭을 하나씩 넣으면서 겉면이 바삭하고 색이 날 때까지 6~7분 정도 튀긴다.

8 깊은 팬에 1차 소스 재료를 넣고 센 불에서 30초~1분간 볶는다.

9 2차 소스 재료를 넣고 센 불에서 소스가 반으로 줄어들 때까지 1~2분간 끓인다.

10 ⑦의 튀긴 닭고기를 넣고 센 불에서 골고루 섞은 후 다진 대파, 참기름, 후춧가루를 넣고 불을 끈다. 그릇에 양상추를 담고 그 위에 닭고기를 올린다.

새콤달콤한 소스가 입맛을 돋우는

유린기

- 🥣 2~3인분
- 🕐 25~30분
  (+ 녹말 불리기와
  고기 밑간하기 2~3시간)

명랑쌤 비법 아이들 간식, 아빠 술안주로 인기 만점

'기름을 뿌린 닭고기'라는 뜻의 유린기는 양상추, 양파 등의 아삭한 식감을 가진 채소 위에
튀긴 닭고기를 올리고 새콤달콤한 소스를 끼얹어 먹는 중국요리예요. 닭고기를 미리 손질하지
않고 튀긴 후 한입 크기로 썰어 먹는 것이 특징이에요. 새콤달콤해서 아이들도 좋아하고
술안주로도 훌륭하죠. 아이용으로는 청양고추, 홍고추를 빼고 조리하면 돼요. 눅눅한 것이
싫다면 양상추 위에 소스를 끼얹고 그 위에 닭튀김을 올려요.

- 닭안심 14쪽(또는 닭다리살, 350g)
- 양상추 6장(손바닥 크기)
- 녹말가루 1/3컵
- 냉수 약 1/3컵(70㎖)
- 달걀흰자 1개
- 빵가루 2컵

고기 밑간
- 설탕 1작은술
- 청주 2큰술
- 소금 1/4작은술
- 후춧가루 약간

소스
- 마늘 2쪽(편으로 썰어두기)
- 송송 썬 청양고추 1개분
- 송송 썬 홍고추 1개분
- 송송 썬 대파(흰 부분) 10cm분
- 설탕 2큰술
- 양조간장 1큰술
- 굴소스 1큰술
- 식초 2큰술
- 물 2큰술
- 고추기름 1/2큰술
  * 만들기 19쪽
- 참기름 1/2큰술
- 후춧가루 약간

1
볼에 녹말가루, 냉수(약 1/3컵)를 넣고
잘 섞어 냉장실에서 2~3시간 이상 충분히
불린다.

2
닭고기는 밑간 재료에 20분간 재운다.
양상추는 먹기 좋은 크기로 썬다.

3
볼에 물을 따라낸 녹말물, 달걀흰자, ②의
닭고기를 넣어 골고루 버무린다. * 달걀흰자를
조금씩 나눠 넣으면서 반죽이 무겁게 뚝뚝
떨어지는 정도의 농도로 조절해요.

4
닭고기에 빵가루를 꾹꾹 눌러가면서
넉넉히 입힌다. 냄비에 식용유를 붓고
170℃(반죽을 넣었을 때 가라앉았다가
2초 후 떠오르는 정도)로 끓인다.

5
닭고기를 넣고 겉면이 바삭하고 색이
날 때까지 6~7분 정도 한 번만 튀긴 후
한입 크기로 썬다.

6
냄비에 고추와 대파를 제외한 나머지 소스
재료를 넣고 중약 불에서 30초~1분간 끓인
후 불을 끄고 한 김 식힌다. 고추, 대파를 넣고
섞은 후 그릇에 양상추, 닭고기 순으로 올리고
소스를 끼얹는다.

바삭한 치킨과 달달한 드레싱의 환상 조합

허니 머스터드드레싱과 치킨샐러드

🥣 2~3인분

🕐 35~40분
(+ 고기 밑간하기 20분)

명랑쌤 비법 바삭한 치킨샐러드 완성하기

패밀리 레스토랑에서 먹는 치킨샐러드보다 더 바삭하고 푸짐하게 즐길 수 있어요.
겉에 입히는 콘플레이크 등의 시리얼은 믹서에 갈면 입자가 너무 고와져서 바삭한 식감이
떨어져요. 밀대를 이용해 큼직한 입자가 남아 있을 만큼만 부수는 게 포인트랍니다.
아이들 간식이나 아빠의 술안주로도 아주 좋아요.

- 닭안심 12쪽(또는 닭가슴살, 300g)
- 양상추, 로메인, 치커리 등
  샐러드용 채소 3~4컵
- 방울토마토 5개
- 다진 파슬리 약간(생략 가능)
- 식용유 5컵 이상(튀김용, 1ℓ 이상)

고기 밑간
- 양파 간 것 3큰술
- 소금 1/2작은술
- 청주 1작은술
- 후춧가루 약간

튀김옷
- 콘플레이크 1과 1/2컵
- 튀김가루 1/2컵
- 녹말가루 1/3컵
- 양파가루 2큰술(또는 마늘가루)
- 냉수 1/2컵(100㎖)

허니 머스터드드레싱
- 마요네즈 1/2컵
- 플레인 요거트 1/2컵
- 머스터드 2큰술
- 꿀 2큰술
- 레몬즙 2큰술
- 소금 1/3작은술
- 후춧가루 약간

1
볼에 닭안심, 고기 밑간 재료를 넣고 20분간
재운다. 다른 볼에 허니 머스터드드레싱
재료를 넣고 섞는다.

2
샐러드용 채소는 한입 크기로 잘라
냉수에 담갔다가 수분을 제거한다.
방울토마토는 2등분한다.

3
튀김옷 재료의 콘플레이크는 비닐봉지에 넣어
밀대를 이용해 큼직한 입자가 남게 부순다.

4
큰 볼에 나머지 튀김옷 재료를 넣고 섞은 후
①의 닭고기를 넣고 골고루 버무린다.

5
③의 콘플레이크에 튀김옷을 입힌
닭고기를 넣고 꾹꾹 눌러가면서 골고루
입힌다. 냄비에 식용유를 붓고 170℃
(반죽을 넣었을 때 가라앉았다가 2초 후
떠오르는 정도)로 끓인다.

6
닭고기를 넣어 겉면을 바삭하고 색이
날 때까지 5~6분간 한 번만 튀긴다.
그릇에 채소, 닭고기를 담고 다진 파슬리를
올린다. 드레싱은 그릇에 따로 담아 낸다.

단짠의 조화가 완벽해 더 맛있는

닭봉 꿀강정

- 2~3인분
- 20~25분
  (+ 고기 밑간하기와
  녹말가루 입히기 40분)

명랑쌤 비법 닭봉 맛있게 잘 튀기기

닭봉은 반죽이 아닌 녹말가루만 입혀 튀기기 때문에 수분이 많지 않아 한 번만 튀겨도
바삭해요. 대신 녹말가루를 입힌 후 바로 튀기면 녹말가루가 바닥에 가라앉아 탈 수 있으므로
닭봉에 녹말가루가 스며들어 겉면이 촉촉해질 때까지 20~30분 정도 놔뒀다가 적당한 두께의
튀김옷이 되면 그때 튀기면 돼요. 또한 닭다리나 닭봉처럼 뼈가 있는 부위의 경우 칼끝을 세워
뼈 사이사이에 깊숙이 칼집을 넣어야 튀겼을 때 속까지 빨리 잘 익고 양념도 잘 배어 맛있어요.
닭날개는 기름기가 많고 접힌 부분이 넓은 대신 살집이 적어 튀김보다는 조림에 더 알맞아요.

- 닭봉 500g
- 녹말가루 1컵
- 송송 썬 청양고추 2개분
- 송송 썬 쪽파 4큰술
- 식용유 5컵 이상(튀김용, 1ℓ 이상)

고기 밑간
- 청주 3큰술
- 소금 약간
- 후춧가루 약간

간장소스
- 양조간장 2큰술
- 참치액 1작은술
- 청주 2큰술
- 물 1/3컵
- 꿀 3큰술
- 식초 1작은술
- 마늘 2쪽(편으로 썰어두기)
- 편 썬 생강 1조각

1 닭봉 사이사이에 깊숙이 칼집을 넣는다.

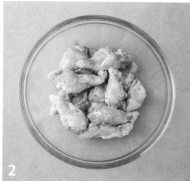

2 닭봉은 냉수에 한 번 헹군 후
체에 밭쳐 수분을 제거하고
고기 밑간 재료를 넣어 10~20분간 재운다.

3 닭봉에 녹말가루를 골고루 입힌 후 촉촉해질
때까지 20분간 그대로 둔다. 냄비에 식용유를
붓고 170℃(반죽을 넣었을 때 가라앉았다가
2초 후 떠오르는 정도)로 끓인다.

4 ③의 닭봉을 넣고 겉면을 바삭하고
색이 날 때까지 8~10분간 튀긴다.

5 깊은 팬에 간장소스 재료를 넣고
중약 불에서 끓어오르면 생강을 건진다.

6 센 불로 올려 ④의 튀긴 닭봉을 넣고 섞으면서
1분~1분 30초 정도 끓인다. 소스가 졸아들면
고추, 쪽파를 넣고 불을 끈다.

오븐에 구워 담백한 맛, 치즈소스로 고급스러운 맛을 더한

닭안심 오븐구이와 치즈 딥소스

🍳 2~3인분
🕐 35~00분
(+ 고기 밑간하기 1시간)

- 닭안심 12쪽(300g)
- 제크크래커 1컵
- 콘플레이크 1컵
- 양파가루 1큰술(또는 마늘가루)
- 스테이크시즈닝 1/2작은술
  (또는 허브솔트)
- 파슬리가루 1큰술

고기 밑간
- 양파 간 것 2큰술
- 마요네즈 2큰술

치즈소스
- 마요네즈 3큰술
- 그릭요거트 3큰술
- 홀그레인 머스터드 2큰술
- 꿀 2큰술
- 파인애플초 1큰술
  (또는 레몬식초, 양조식초 등)
- 크림치즈 60g
- 파마산 치즈가루 4큰술
- 소금 약간
- 후춧가루 약간

명랑쌤 비법 1 더 바삭하게, 더 맛있게 즐기기

튀기지 않고 오븐에 굽는 닭요리로, 고소한 맛과 바삭한 식감을 강조하기 위해 콘플레이크와 크래커를 함께 사용했어요. 크래커가 없다면 콘플레이크만 입혀도 돼요. 푸드프로세서에 굵은 입자가 남아 있게 갈아야 바삭한 식감을 살릴 수 있어요. 농도가 살짝 있는 치즈소스를 곁들이면 한층 더 고급스러운 요리가 돼요. 치킨샐러드(p.116)의 허니 머스터드드레싱과도 잘 어울려요.

명랑쌤 비법 2 오븐이 없다면 에어프라이어에 굽기

오븐이 없다면 180℃로 예열한 에어프라이어에 넣고 20분 정도 구우면 돼요. 에어프라이어 크기나 성능에 따라 굽는 시간은 다를 수 있으니 구운 색으로 시간을 조절하세요.

1
볼에 닭안심, 밑간 재료를 넣고 골고루 섞어 1시간 재운다.
다른 볼에 치즈소스 재료를 섞는다.

2
푸드프로세서에 제크크래커, 콘플레이크를 넣고 굵은 입자가 있을 정도로 간다.

3
②에 양파가루를 넣고 섞는다.

4
①의 닭안심을 넣고 꾹꾹 눌러 가면서 가루를 넉넉히 입힌다.
오븐은 180℃로 예열한다.

5
오븐 팬 위에 닭을 올리고 윗면에 스테이크시즈닝, 파슬리가루를 뿌린 후 180℃ 오븐에 20분간 굽는다. 그릇에 담고 치즈소스를 곁들인다.

기름을 쏙 빼고 상큼한 소스로 느끼함을 잡은

훈제오리와 매실소스 샐러드

🥣 2~3인분
🕐 25~30분
(+ 양배추&양파 물에 담그기 20분)

- 시판 훈제오리 350g
- 양배추 5장(손바닥 크기)
- 적양파 1/2개(또는 양파)
- 영양부추 1줌(50g)
- 방울토마토 5개
- 매실청 3큰술

매실소스
- 설탕 1작은술
- 매실청 3큰술
- 레몬즙 2큰술
- 와사비 1/2작은술(또는 연겨자)
- 소금 1작은술
- 다진 청양고추 1큰술
- 다진 홍고추 1큰술
- 올리브유 3큰술
- 참기름 1작은술

명랑쌤 비법 훈제오리 질기지 않게 굽기
훈제오리는 슬라이스된 걸로 구입하는데, 브랜드마다 두께 차이가 있으니 굽는 시간보다
구운 색으로 판단하는 게 좋아요. 오븐에서 구운 색이 살짝 날 정도까지만 구워요.
너무 오래 구우면 기름은 완전히 빠지지만 식은 후 질겨져요. 오븐이 없다면 180℃로
예열한 에어프라이어에 구워도 돼요.

1 양배추, 적양파는 얇게 채 썰어
잠길 만큼의 냉수, 매실청(3큰술)을 넣고
20분 이상 담갔다가 체에 밭쳐 수분을
제거한다.

2 영양부추는 5cm 길이로 썬다.
방울토마토는 2등분한다.
볼에 매실소스 재료를 넣고 섞는다.
오븐은 180℃로 예열한다.

3 오븐 팬 위에 채반을 올리고 그 위에
훈제오리를 올린다. * 구울 때 기름이 많이
나오기 때문에 채반을 밭치는 게 좋아요.

4 180℃ 오븐에 넣고 먹음직스러운
구운 색이 날 때까지 6~7분 정도 굽는다.

5 양배추, 적양파에 매실소스 1/2분량을 넣고
살살 버무린 후 그릇에 훈제오리, 부추,
방울토마토와 함께 담는다. 나머지 매실소스를
골고루 뿌린다.

Part   0 4 --

한식,일식, 양식 등 다채로운 맛의

해물
요리

해물도 제철이 가장 맛있다는 사실, 아시나요?
제철 해물로 만든 해물 요리는 감칠맛이 뛰어나죠.
보양식이 따로 필요 없을 만큼 영양가도 높아요.
몸에 좋은 줄, 맛있는 줄 알면서도 집에서는
손질이 번거롭고 구이, 찜 등 조리법이 단조롭다는
이유로 해물 요리를 잘 안하게 되지요.
이 책에서는 신선한 해물을 가장 맛있게 먹을 수 있는
냉채류를 풍부하게 소개해요. 한식, 일식, 양식 등
다양한 맛과 조리법도 알려드려요.

매실청, 유자청으로 은은하게 맛을 낸

해파리 새우냉채

- 🍳 2~3인분
- 🕐 25~30분
  (+ 해파리 손질하기 1일)

- 염장 해파리 400g
- 새우 10마리(중)
- 오이 1과 1/2개
- 배 150g

새우 데치는 재료
- 물 2컵(400㎖)
- 청주 2큰술
- 대파(푸른 부분) 8cm

배합초
- 식초 2큰술
- 설탕 2큰술
- 유자청 1큰술
- 냉수 3/4컵(150㎖)

1차 양념
- 설탕 2큰술
- 매실청 1큰술
- 식초 3큰술
- 소금 1작은술
- 굵게 다진 마늘 2큰술

2차 양념
- 설탕 3큰술
- 식초 3큰술
- 연겨자 1작은술
- 레몬 슬라이스 1/4개
- 소금 1/2작은술
- 참기름 1과 1/2큰술
- 통깨 1큰술

명랑쌤 비법 1 손질이 꼭 필요한 염장 해파리
염장 해파리는 사용하기 하루 전, 소금기를 충분히 제거하고 데친 후 양념해서
숙성시켜야 해파리 특유의 냄새가 제거되고 맛이 깔끔해져요. 데치면 오그라들지만
양념에 재우면 다시 부드럽게 퍼져요.

명랑쌤 비법 2 다른 재료 응용하기
새우 대신 맛살 등을 사용해도 돼요. 오이, 토마토를 얇게 썰어 장식해도 예뻐요.

[해파리 손질하기]

1 해파리는 손으로 박박 비벼가며
물에 3~4회 헹군 후 넉넉한 냉수에
3시간 이상 담가 소금기를 제거한다.

2 불린 해파리를 흐르는 물에 비벼가며
3번 이상 헹군 후 체에 밭쳐 물기를 제거한다.

3 90℃ 정도의 뜨거운 물에 넣어
1~2분간 데친 후 생수에 한 번 더 헹구고
체에 밭쳐 수분을 제거한다.

4 볼에 ③의 데친 해파리, 1차 양념을 넣고
골고루 섞은 후 냉장실에서 하룻밤 재운다.

5

오이, 배는 채 썰어 배합초에
20분간 담근 후 체에 밭쳐
수분을 제거한다.

6

냄비에 새우 데치는 재료의 물(2컵),
대파를 넣고 센 불에서 끓어오르면
청주, 새우를 넣고 바로 불을 끈 후
10분간 그대로 식힌다.

7

새우가 식으면 2등분으로 납작하게 편 썬다.
볼에 2차 양념 재료를 넣고 섞는다. 큰 볼에
해파리, 오이, 새우, 2차 양념, 채 썬 배 순으로
넣고 살살 섞어 그릇에 담는다.

다시마 숙성으로 한층 더 부드러워진

광어 카르파초

🥣 2~3인분

🕐 25~30분
  (+ 다시마 불리기와
  광어 숙성하기 2~3시간)

- 광어회 300g
  (또는 도미, 우럭, 연어 등)
- 다시마(10×10cm 크기) 2장
- 적양파 1/3개(또는 양파)
- 루꼴라 70g(또는 어린잎 채소)
- 날치알 3큰술
- 레몬 1/2개

다시마 절임 재료
- 청주 약 1/3컵(70mℓ)
- 맛술 약 1/3컵(70mℓ)

유자 드레싱
- 유자청 1큰술
- 맛간장 1큰술
  * 만들기 19쪽
- 레몬즙 1큰술
- 소금 1/5작은술
- 올리브유 1/4컵(50mℓ)
- 다진 파슬리 1큰술
- 핑크후추 약간(생략 가능)

명랑쌤 비법 1 감칠맛을 담당하는 다시마

이탈리아에서는 '카르파초', 페루 등의 중남미 지역에서는 '세비체'라고 하는데,
해산물을 얇게 썰어 레몬이나 라임즙을 뿌려 먹지요. 구하기 쉬운 광어, 도미, 우럭 등의
횟감용 생선을 구입해 그대로 사용해도 되지만 절인 다시마를 덮어 숙성시키면
다시마의 감칠맛이 생선살에 스며들어 더 맛있어지고 한층 부드러워져요.

명랑쌤 비법 2 날치알 전처리로 비린내 제거하기

날치알을 전처리 없이 사용하면 비린내가 날 수 있어요. 생수 1/2컵, 청주 2큰술을 섞어
5분 이상 담갔다가 체에 밭쳐 5분 이상 수분을 충분히 제거한 후 사용해요. 전처리한 날치알은
밀폐용기에 담아 그대로 냉동했다가 필요할 때 해동하면 돼요.

1 다시마는 청주, 맛술을 부어 1~2시간
부드럽게 불린 후 겉면을 면보로 닦는다.

2 횟감용 광어에 불린 다시마를 덮은 후
냉장실에서 2~3시간 이상 숙성시킨다.

3 루꼴라는 6cm 길이로 썬다.
적양파는 채 썬다.
레몬은 모양대로 얇게 썬다.

4 적양파는 냉수에 20분간 담가 매운 맛을 빼고
수분을 제거한다. 볼에 유자 드레싱 재료를
넣고 섞는다. 그릇에 광어, 레몬, 양파, 루꼴라를
담고 드레싱을 뿌린 후 날치알을 올린다.

전복 수삼냉채
_레시피 132쪽

포항 스타일의 전복물회
_레시피 134쪽

전복 수삼냉채

🥣 2~3인분

🕐 15~20분

(+ 수삼, 셀러리,
전복 밑간하기 20분)

- 전복 3마리
  (400~450g, 껍질 무게 포함)
- 수삼 2뿌리
- 셀러리 15cm 2줄기
- 청주 3큰술

전복, 수삼, 셀러리 밑간용 배합초
- 설탕 1큰술
- 유자청 2큰술
- 식초 2큰술
- 소금 1/3작은술
- 생수 3/4컵(150㎖)

냉채소스
- 다진 청, 홍고추 5큰술
- 다진 양파 2큰술
- 다진 마늘 1/2작은술
- 설탕 1큰술
- 식초 2/3큰술
- 연겨자 1작은술
- 소금 1/3작은술
- 올리브유 1큰술
- 참기름 1/2큰술

명랑쌤 비법 전복 껍질로 냉채 예쁘게 담기

살을 발라낸 전복 껍질은 그릇으로 활용할 수 있어요. 전복 껍질을 그릇 대신 사용하려면 소금물(물 7과 1/2컵 + 소금 2큰술)에 10분 이상 삶은 후 말려요. 삶지 않고 그냥 말려서 사용하면 비린내가 심하게 나요.

[전복 손질하기]

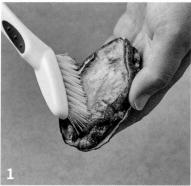

1

전복은 껍질째 조리용 솔로
구석구석 닦는다.

2

냄비에 물(5컵), 청주(3큰술)를 넣고 센 불에서
끓어오르면 전복을 통째로 넣고 40초간 데친다.

3 껍질에서 살을 숟가락으로 살살 떼어 낸다.
* 물에 데친 전복은 껍질에서 쉽게 떨어져요.

4 전복의 내장을 칼로 잘라낸다.

5 전복의 입을 자르고 눌러 이빨을 뽑는다.

6 전복은 살만 얇게 편 썰어 배합초(4큰술)에
20분간 재운다. * 전복 대신 소라, 관자도
잘 어울려요.

7 수삼은 솔로 깨끗이 닦아
사선으로 얇게 어슷 썬다.
셀러리는 4cm 길이로 얇게 어슷 썬다.
냉채소스 재료의 양파, 고추는
0.5cm 크기로 잘게 다진다.

8 수삼, 셀러리는 배합초(8큰술)에 20분간
재운 후 체에 밭쳐 수분을 제거한다.

9 볼에 냉채소스 재료를 섞은 후 전복 껍질에
셀러리, 수삼, 전복, 소스 순으로 올려 담는다.

포항 스타일의 전복물회

🥢 2~3인분

⏱ 25~30분
　(+ 고추장소스 숙성하기 2시간)

- 활전복 3마리
  (400~450g, 껍질 무게 포함)
- 소면 120g
- 양배추, 상추, 양파, 오이, 배
  채 썬 것 2컵분
- 고추장소스 1과 1/2컵(300mℓ)
- 얼음물 4컵(800mℓ)
- 어린잎 채소 약간(생략 가능)
- 레몬 슬라이스 1/2개(생략 가능)
- 깨소금 1작은술

고추장소스
- 고운 고춧가루 3큰술
- 고추장 3큰술
- 맛간장 3큰술
  * 만들기 19쪽
- 설탕 5큰술
- 식초 5큰술
- 소금 1큰술
- 와사비 1큰술
- 사과 간 것 1/2컵(또는 배 간 것)
- 다진 파 1큰술
- 다진 마늘 1큰술
- 다진 생강 1작은술
- 통깨 1큰술
- 참기름 1큰술
- 후춧가루 약간

소면 밑간
- 맛간장 1작은술
- 참기름 1작은술
- 고추장소스 1큰술

명랑쌤 비법 1 살얼음 낀 시원한 고추장소스 베이스 만들기

고추장소스는 미리 만들어 숙성시킨 후 얼음물과 섞어 살짝 얼렸다가 살얼음 상태로
물회 위에 끼얹으면 끝까지 시원하게 먹을 수 있어요. 책에서는 고추장소스 1과 1/2컵에
얼음물 4컵의 비율로 만들었지만 간은 개인차가 있으니 물 양은 조절하세요. 이 고추장소스
베이스는 전복 이외에도 한치, 우럭, 광어, 도미 등의 횟감용 생선과도 잘 어울려 다양한 물회에
활용할 수 있어요. 고추장소스는 냉장 2주, 냉동 1달 정도 보관 가능해요.

명랑쌤 비법 2 밑간한 소면으로 간 딱 맞추기

소면은 밑간을 해야 물회를 먹을 때 전체적으로 간이 잘 맞아요. 소면 밑간 재료를 잘 섞어
그릇에 담고 그 위에 전복과 채소, 희석한 고추장소스를 올리면 모양도 예뻐요.

1 볼에 고추장소스 재료를 모두 넣고 섞어
2시간 이상 숙성시킨다. * 고운 고춧가루가
없다면 푸드프로세서에 갈아 사용해요.
일반 고춧가루는 농도가 묽어져요.

2 고추장소스(1과 1/2컵)에 얼음물(4컵)을
간을 보면서 섞은 후 냉장실 또는 냉동실에서
차갑게 보관한다.

양배추, 양파, 오이, 배는 6cm 길이로
얇게 채 썬다. 상추는 1cm 폭으로 썬다.
레몬은 반달 모양으로 얇게 슬라이스한다.

전복은 껍질째 조리용 솔로 구석구석
닦은 후 숟가락으로 떼어낸다.

전복의 내장을 칼로 잘라내고 입을 자른 후
눌러 이빨을 뽑는다.

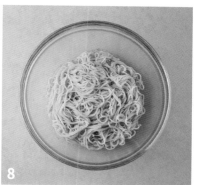

전복의 살만 얇게 썬다.

넉넉한 끓는 물에 소면을 넣고
포장지에 적힌 시간만큼 삶아 냉수에
헹군 후 수분을 제거한다.

볼에 소면 밑간 재료를 넣고 섞은 후
삶은 소면을 넣고 버무린다. 그릇에 소면, 채소,
②의 고추장소스, 전복, 레몬, 어린잎 채소,
깨소금 순으로 담는다.

상큼한 돗나물과 기운 나는 낙지의 조합

낙지 돗나물샐러드

- 🥣 2~3인분
- 🕐 20~25분
  (+ 적양파 냉수에 담그기 20분)

명랑쌤 비법 낙지 손질하기와 영양 손실 없이 데치기

내장과 먹물을 제거한 낙지는 밀가루 대신 설탕을 넣어 주물러 씻으면 빨판의 이물질을
더 깨끗하고 쉽게 제거할 수 있고 연육작용도 도와요. 밀가루는 덩어리 져서 빨판에 들어가면
씻어내기 힘들어요. 끓는 물에 넣어 데치면 낙지의 맛있는 성분과 영양분이 빠져 나가요.
냄비에 낙지 데치는 재료를 넣고 센 불에서 재빨리 익히면 낙지의 맛이 응축돼 더 부드럽고
맛있어요.

- 낙지 2~3마리
  (또는 주꾸미, 새우, 관자,
  손질 전 300~400g)
- 배 100g
- 돗나물 50g
  (또는 치커리, 비타민, 양상추 등)
- 적양파 1/3개(또는 양파)

낙지 데치는 재료
- 다진 파 1큰술
- 청주 2큰술
- 소금 1/4작은술
- 포도씨유 1큰술
- 후춧가루 약간

드레싱
- 다진 적양파 3큰술(또는 양파)
- 다진 홍고추 1개분
- 다진 청양고추 1개분
- 다진 마늘 1작은술
- 생강즙 1/3작은술
- 꿀 2큰술
- 매실청 1큰술
- 파인애플식초 2큰술(또는 레몬식초 등)
- 레몬즙 1큰술
- 소금 1작은술
- 고추기름 1큰술 * 만들기 19쪽
- 참기름 1큰술
- 통깨 2작은술

적양파는 얇게 채 썬 후 냉수에 20분간
담가 매운 맛을 빼고 수분을 제거한다.
배는 채 썬다.

볼에 드레싱 재료를 넣고 섞는다.

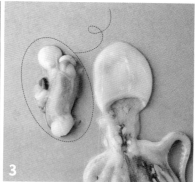

낙지는 머리 부분을 뒤집어
내장과 먹물을 가위로 제거한다.

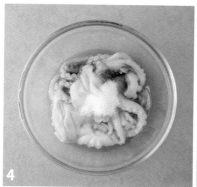

③에 설탕(2큰술)을 넣어 바락바락
주무른 후 냉수에 여러 번 헹구고
수분을 제거한다.

깊은 팬을 뜨겁게 달군 후 낙지 데치는 재료,
④의 낙지를 넣고 휘젓는다.
뚜껑을 덮고 센 불에서 1분간 익힌다.

체에 건져 물기를 제거하고 한입 크기로 썬다.
그릇에 배, 양파, 돗나물, 낙지 순으로
담고 드레싱을 골고루 뿌린다.

고소한 만능 깨소스를 듬뿍 끼얹어 먹는

오징어 미역냉채와 깨소스

🥣 2~3인분

🕐 20~25분
(+ 미역 불리기 30분)

- 건미역 40~50g(불린 후 300g)
- 오징어 1마리
  (중간 크기, 손질 후 250g)
- 오이 1개
- 레몬 1/2개
- 어린잎 채소 약간
- 청주 2큰술

깨소스
- 깨소금 5~6큰술
- 양조간장 1/4컵(50mℓ)
- 식초 1/4컵(50mℓ)
- 설탕 4큰술
- 고추기름 2큰술
  * 만들기 19쪽

명랑쌤 비법 만능 깨소스 다양하게 활용하기
깨소스는 연두부, 묵무침, 샐러드 등에 곁들여 먹어도 잘 어울리는 만능 소스예요.
소독한 용기에 담아 냉장실에 넣어 두면 1달 이상 보관 가능하니 한꺼번에 많이 만들어서
다양한 요리에 활용해 보세요.

건미역은 냉수에 담가 30분간 불린다.

끓는 물에 불린 미역을 넣었다가 바로 건져
냉수에 헹군 후 체에 받쳐 물기를 제거하고
먹기 좋은 크기로 썬다.

오징어는 몸통에 손가락을 돌려 넣어
내장과 다리를 제거한다.

냄비에 끓는 물(5컵), 청주(2큰술)를 넣고
센 불에서 끓어오르면 오징어를 몸통째로 넣고
2분간 데친다.

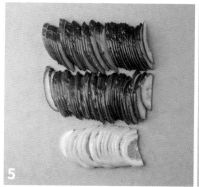

5

오이는 길이로 2등분한 후 얇게 어슷 썬다.
레몬은 길이로 2등분한 후 얇게 썬다.

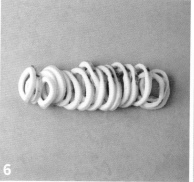

6

오징어는 링 모양으로 썬다.

7

볼에 깨소스 재료를 넣고 섞는다.
그릇에 오이, 레몬, 미역, 오징어, 어린잎 채소
순으로 담고 깨소스를 곁들인다.

충무김밥 스타일의 오징어무침
_레시피 142쪽

우럭 흰콩조림
_레시피 144쪽

충무김밥 스타일의 오징어무침

🥄 2~3인분

🕐 10~15분
(+ 오징어 밑간하기 1일)

- 오징어 2마리
  (중간 크기, 손질 후 500g)
- 물 5컵(1ℓ)
- 청주 2큰술
- 쪽파 2줄기

1차 절임 양념
- 설탕 1/3컵
- 식초 약 1/3컵(70㎖)
- 소금 2작은술

2차 양념
- 고춧가루 2큰술
- 고추장 1큰술
- 맛간장 2작은술
  * 만들기 19쪽
- 참치액 1작은술
- 다진 파 2큰술
- 다진 마늘 1큰술
- 다진 생강 1/2작은술
- 설탕 1큰술
- 매실청 2큰술
- 참기름 1큰술
- 통깨 1큰술
- 후춧가루 약간

명랑쌤 비법 오징어 두 번에 나눠 양념하기

1차 절임 양념에 오징어를 새콤달콤하게 절인 후 물기를 최대한 제거하고 2차 양념을 하면 사먹는 충무김밥보다 더 꼬들꼬들하고 맛있는 오징어무침이 됩니다. 이 오징어무침의 가장 중요한 포인트는 바로 물기 제거예요. 물기가 많으면 양념이 묽어지고 오징어의 꼬들한 식감도 떨어져요. 밥반찬으로도 좋고, 무김치를 곁들여 충무김밥 스타일로 즐겨도 좋아요.

[오징어 손질하기]

가위로 몸통 한쪽을 가른다.

몸통에 붙은 내장을 손으로 살살 떼어낸다.
가위나 칼로 몸통과 다리 부분을 잘라 분리한 후
가위로 눈을 잘라낸다.

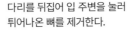

다리를 뒤집어 입 주변을 눌러
튀어나온 뼈를 제거한다.

물에서 다리를 훑어가며 빨판을 제거한다.

5 손질한 오징어는 몸통 안쪽에 사선으로
잔칼집을 넣는다. * 칼집만 넣고 데쳐야
맛이 빠지지 않아요.

6 냄비에 물(5컵), 청주(2큰술)를 넣고
센 불에서 끓어오르면 오징어를 넣어
1~2분 데친 후 먹기 좋은 크기로 썬다.
쪽파는 4cm 길이로 썬다.

7 볼에 오징어, 1차 절임 양념 재료를 넣고
골고루 버무려 냉장실에서 하룻밤 재운다.

8 면보에 올려 수분을 최대한 제거한다.
* 음식탈수기를 사용해도 돼요.

9 볼에 2차 양념 재료를 넣고 섞는다.

10 ⑨의 양념에 쪽파, 1차 절임한 ⑧의 오징어를
넣고 골고루 버무린다. 그릇에 담고
조미용 김에 싼 김밥, 무김치를 곁들인다.

tip ─ **충무김밥 스타일의 무김치**

무 1kg, 식초 1/4컵(50㎖), 설탕 1/4컵, 소금 1과 1/2큰술, 쪽파 3~4줄기
양념 고춧가루 8큰술(40g), 다진 마늘 1큰술, 다진 생강 1작은술, 액젓 1과 1/2큰술,
참치액 1큰술, 매실청 2큰술, 야쿠르트 1/4컵(또는 매실청, 50㎖)

1 무는 두께 1cm, 사방 3~4cm 크기로 썰어 식초, 설탕, 소금을 넣어
  골고루 섞은 후 누름돌로 눌러 3시간 이상 절인다.
2 면보로 꽉 짠 후 누름돌로 눌러 30분 이상 최대한 수분을 제거한다.
3 볼에 양념 재료를 넣고 섞은 후 ②의 절인 무, 3cm 길이로 썬 쪽파를 넣고 버무린다.
  하루 동안 냉장 보관한다.

우럭 흰콩조림

🥄 2~3인분

🕐 35~40분
　(+ 콩 불리기 2시간)

- 우럭 1마리
　(또는 반건조 가자미, 도미 등, 400g)
- 녹말가루 1/2컵
- 흰콩 1컵(불리기 전)
- 대파 1대
- 꽈리고추 10개
- 포도씨유 2큰술 + 3큰술

조림 양념
- 맛간장 3큰술
　* 만들기 19쪽
- 참치액 1/2큰술
- 올리고당 2큰술
- 청주 2큰술
- 맛술 2큰술
- 마늘 3쪽(편으로 썰어두기)
- 편 썬 생강 3조각
- 다시마국물 2와 1/2컵
　(또는 물, 500㎖)
　* 만들기 19쪽
- 후춧가루 약간

명랑쌤 비법 1 불린 흰콩을 충분히 볶아 고소함 더하기

우럭이 많이 잡히는 제주도에서 콩을 넣어 맛과 영양을 더한 전통요리예요.
흰콩은 불리지 않고 사용하기도 하는데, 졸이면 딱딱해져 2시간 이상 불려 넣었어요.
불린 콩은 물기를 제거하고 센 불에서 충분히 볶아 고소함을 내주는 게 포인트예요.

명랑쌤 비법 2 생선살 부서지지 않게 조리기

생선에 녹말가루를 입혀 구운 후 조리면 덜 부서져요. 조릴 때 뒤집으면서 익히면 생선살이 쉽게
부서지기 때문에 국물을 중간중간 끼얹으면서 생선에 간이 스며들게 완성하는 게 중요해요.

1 흰콩은 찬물에 2시간 정도 불린 후
체에 밭쳐 수분을 제거한다.

2 달군 팬에 포도씨유(2큰술)를 두르고
센 불에서 겉면에 살짝 구운 색이 날 때까지
5~6분간 볶는다.

[우럭 손질하기]

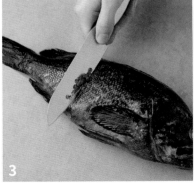

3 우럭은 칼로 꼬리에서 대가리 쪽으로
비늘을 긁어낸 후 흐르는 물에 씻는다.

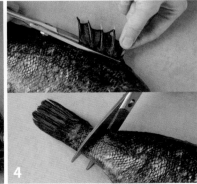

4 가위로 지느러미, 꼬리를 잘라낸다.

5

아가미를 잘라낸다.

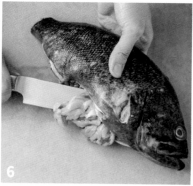

6

칼로 배를 가른 후 내장을 떼어내고
뼈에 붙은 피를 긁어낸 후 흐르는 물에
깨끗하게 씻는다.

7

손질한 우럭 몸통에 앞뒤로 칼집을
살짝 넣는다.

8

우럭 앞뒤로 녹말가루를 살짝 입힌 후
털어낸다.

9

달군 팬에 포도씨유(3큰술)를 두르고
우럭을 올린 후 중간 불에서 4~5분간
바삭하게 굽는다.

10

대파는 5cm 길이로 썬다.
꽈리고추는 포크로
구멍을 송송 뚫는다.

11

다른 팬에 ②의 흰콩, 조림 양념 재료를 넣고
센 불에서 끓어오르면 ⑨의 우럭을 넣고
중간 불로 줄여 뚜껑을 덮고 국물이 반으로
줄어들 때까지 10~12분 정도 끓인다.

* 중간에 국물을 끼얹으며 끓여요.

12

대파, 고추를 넣고 국물이 거의 없어질 때까지
중간 불에서 5~7분 정도 끓인 후 올리고당,
후춧가루를 넣고 윤기 있게 1~2분 정도 더
끓인다.

참치회 타타키와 모둠 채소

🥣 2~3인분

🕐 25~30분
 (+ 참치 밑간하기 20분)

- 냉동 참치 150~200g
- 무, 오이, 당근, 미나리, 쑥갓, 양파 등
 모둠 채소 200g
- 후리가케 2큰술(생략 가능)
- 양파가루 1큰술
 (또는 마늘가루, 생략 가능)
- 통깨 2큰술
- 송송 썬 쪽파 3큰술
- 포도씨유 2~3큰술

참치 밑간
- 맛간장 1/2큰술
 * 만들기 19쪽
- 다진 생강 1/2작은술
- 와사비 1/2작은술
- 청주 1큰술
- 후춧가루 약간

드레싱
- 스테이크시즈닝 1/2큰술
 (또는 허브솔트)
- 꿀 2큰술
- 레몬즙 2큰술
- 홀그레인 머스터드 1작은술
- 올리브유 1/2컵(100㎖)
- 다진 양파 2큰술
- 다진 청양고추 1큰술
- 레몬제스트 약간

명랑쌤 비법 타타키를 반듯하게 잘 써는 요령
타타키는 참치나 쇠고기 등의 겉만 살짝 익힌 후 상큼한 소스를 끼얹어 먹는 일식 요리예요.
안주로도 이만한 게 없지요. 채소를 듬뿍 올려 함께 먹으면 푸짐하면서도 상큼해요.
타타키는 냉동 참치에 밑간을 해서 재웠다가 구운 후 속까지 녹기 전에 바로 썰어야
모양이 반듯해요. 구운 참치가 너무 녹았다면 냉동실에 잠시 넣어 굳힌 후 써는 것이 좋아요.
차가운 요리이니 밸런스가 잘 맞게 채소도 차갑게 준비하세요.

1 볼에 참치 밑간 재료를 넣고 섞는다.
다른 볼에 드레싱 재료를 넣고 섞는다.

2 냉동 참치는 붓을 이용해 밑간 양념 재료를
골고루 펴 바른 후 냉장실에서 20분간 재운다.
* 겉이 살짝 녹아야 가루가 잘 들러 붙어요.

3 무, 오이, 당근, 양파는 5~6cm 길이로
가늘게 채 썬다.
미나리, 쑥갓은 5cm 길이로 썬다.

4 채소를 얼음물에 10분간 담갔다가
수분을 제거한다.

5

트레이에 통깨, 후리가케, 양파가루를
섞은 후 ②의 참치를 올려 꾹꾹 눌러가면서
사방에 가루를 묻힌다.

6

달군 팬에 포도씨유(2~3큰술)를 두르고
참치를 올려 눌러가면서 센 불에서
구운 색이 나게 2~3분간 겉면을 굽는다.

7

0.7cm 두께로 썬 후 그릇에 채소, 드레싱,
구운 참치, 드레싱, 송송 썬 쪽파 순으로 담는다.

데리야끼소스 장어구이와 단호박튀김
_레시피 150쪽

브로콜리 칠리새우
_레시피 152쪽

데리야끼소스 장어구이와 단호박튀김

🥣 2~3인분

🕐 40~45분
    (+ 장어, 단호박 밑간하기 20분)

- 장어 2마리(600~700g, 머리, 뼈 포함 무게)
- 청주 1/4컵(50㎖)
- 다진 생강 1/2큰술
- 단호박 약 1/3개(300g)
- 맛술 1큰술
- 녹말가루 5큰술
- 초생강 약간
- 소금 1/2작은술
- 포도씨유 1큰술

데리야끼소스(3회 분량)
- 양조간장 5큰술
- 청주 1/2컵(100㎖)
- 맛술 1/2컵(100㎖)
- 설탕 3큰술
- 물엿 2큰술
- 편 썬 생강 2조각
- 레몬 슬라이스 1/2개
- 장어뼈 1마리 분량 (또는 구운 북어채 10g)
- 건고추 2개(또는 베트남고추)

파인애플 드레싱
- 통조림 파인애플링 1개
- 양파 1/2개
- 마늘 1쪽
- 올리브유 4큰술
- 꿀 1과 1/2큰술
- 2배 식초 1큰술
- 연겨자 1작은술
- 소금 1/2작은술
- 후춧가루 약간

명랑쌤 비법 1 장어의 비린내 제거하기

장어 비린내의 주된 원인은 껍질의 미끈미끈한 점액질이에요. 물에 씻기지 않기 때문에 칼등이나 키친타월로 이 점액질을 긁어 잘 제거한 후 청주, 생강에 재워요. 장어를 구울 때 청주의 알코올 성분이 휘발되면서 비린내도 함께 날아가요.

명랑쌤 비법 2 장어뼈를 오븐에 구워 사용하면?

장어뼈를 구우면 비린내가 줄어들고 소스에 넣어 끓였을 때 구수한 풍미가 우러나요. 오븐에 굽기 번거롭다면 에어프라이어를 이용해도 돼요. 장어뼈가 없다면 북어채를 사용해도 되는데, 북어채도 구워서 넣어요.

tip — **데리야끼소스가 남았다면?**

    데리야까소스는 활용도가 높고 냉장실에서 1개월 정도 보관이 가능하니 분량의 2~3배 정도 만들어 두는 것도 괜찮아요. 우엉조림, 어묵조림, 닭조림, 흰살생선구이 등에 넣으면 아이들도 잘 먹어요.

1 손질한 장어에 청주, 다진 생강을 넣고 버무려 20분간 재운다.

2 단호박은 씨를 제거하고 사방 2cm 크기로 썬다. 오븐은 180℃로 예열한다.

3

볼에 ②의 단호박, 소금, 맛술을 넣고
골고루 섞은 후 20분간 재운다. 믹서에
파인애플 드레싱 재료를 넣고 곱게 간다.

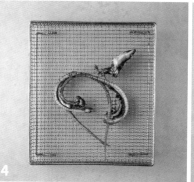

4

오븐 팬에 장어뼈를 올리고 180℃ 오븐에서
진한 갈색이 날 때까지 10~15분간 굽는다.
* 에어프라이어에 구워도 돼요. 장어뼈 굵기에
따라 굽는 시간은 차이날 수 있어요.

5

냄비에 데리야끼소스 재료를 모두 넣고
반으로 줄어들 때까지 약한 불에서
10~15분 정도 은근히 졸인다.

6

달군 팬에 ①의 장어를 올리고 눌러가면서
센 불에서 앞뒤로 1분씩 초벌구이한다.

7

팬에 포도씨유(1큰술)를 두르고
⑥의 장어에 붓을 이용해 데리야끼소스를
덧바르면서 중약 불에서 골고루 색이
나도록 앞뒤로 굽는다.

8

단호박을 체에 밭쳐 수분을 제거한 후
비닐봉지에 녹말가루와 함께 넣어
골고루 묻힌다. 냄비에 식용유를 붓고
170℃(반죽을 넣었을 때 가라앉았다가
2초 후 떠오르는 정도)로 끓인다.

9

단호박의 겉면이 바삭해질 때까지
5~6분간 한 번만 튀긴다. 장어를 먹기 좋은
크기로 썰어 그릇에 담고 튀긴 단호박,
드레싱, 초생강을 곁들인다.

바삭하게 튀긴 새우에 달콤한 소스를 버무린

브로콜리 칠리새우

🍚 2~3인분

🕐 25~30분
(+ 녹말 불리기와
새우 밑간하기 2~3시간)

- 새우 10~12마리(300g, 꼬리 포함)
- 녹말가루 2/3컵
- 냉수 1컵(200㎖)
- 달걀흰자 1개
- 브로콜리 1/3개
- 소금 1큰술
- 식용유 7과 1/2컵(튀김용, 1.5ℓ)

새우 밑간
- 청주 1큰술
- 소금 약간
- 후춧가루 약간

1차 소스
- 고추기름 2큰술
  * 만들기 19쪽
- 건고추 5개(또는 베트남고추)
- 대파(흰 부분) 10cm
- 마늘 2쪽
- 생강(마늘 크기) 1톨

2차 소스
- 설탕 3~4큰술
- 청주 2큰술
- 두반장 2큰술
- 토마토케첩 1/2컵
- 참기름 1작은술
- 후춧가루 약간
- 녹말물 3큰술
  (물 : 녹말가루 = 2 : 1)

명랑쌤 비법 1 맛있는 새우튀김 만들기

새우튀김은 녹말물의 농도가 중요해요. 너무 묽거나 되직하면 녹말가루 또는 흰자로
농도를 조절해요. 육류의 경우 수분을 증발시키기 위해 2번 튀기는 경우도 있지만
새우는 1번만 튀겨야 새우살이 덜 단단하면서 바삭해요.

명랑쌤 비법 2 요리에 윤기와 농도를 더하는 녹말물

녹말물은 물과 녹말가루를 2:1 또는 1:1의 비율로 섞은 것으로 농도를 맞출 때 사용해요.
먹음직스러운 윤기도 내 줍니다. 미리 만들어 두면 녹말가루가 가라앉아 딱딱해지기 때문에
사용 전에 잘 섞어야 해요. 녹말물 사용이 익숙하지 않은 경우 불을 끄거나 약한 불로 줄인 후
녹말물을 조금씩 넣고 저어가며 농도를 맞추는 게 좋아요. 한번 걸쭉해지면 물을 넣어도
잘 풀어지지 않기 때문에 한꺼번에 전부 넣지 않도록 주의해야 해요.

볼에 녹말가루, 냉수(1컵)를 넣고
잘 섞어 냉장실에서 최소 2~3시간 이상
충분히 불린다.

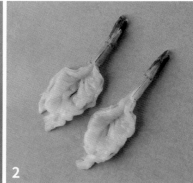

새우는 등쪽에 칼집을 넣고 내장을 제거한다.

3

볼에 새우, 새우 밑간 재료를 넣어 골고루 섞은 후 10~20분간 재운다.

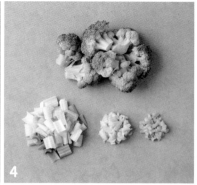

4

브로콜리는 한입크기로 썬다.
1차 소스 재료의 대파는 사방 1.5cm 크기로 썬다. 마늘, 생강은 굵게 다진다.

5

끓는 물(5컵)에 소금(1큰술)을 넣고 브로콜리를 1분간 삶은 후 찬물에 헹구고 체에 밭쳐 수분을 제거한다. 볼에 녹말물 재료를 제외한 2차 소스 재료, 다른 볼에 녹말물 재료를 넣고 각각 섞는다.

6

③의 새우에 물을 따라낸 ①의 녹말물, 달걀흰자를 넣고 섞는다. * 달걀흰자를 조금씩 나눠 넣으면서 농도를 조절해요.

7

170℃(반죽을 넣었을 때 가라앉았다가 2초 후 떠오르는 정도)로 예열한 기름에 ⑥의 새우를 넣고 4~5분간 바삭하게 한 번만 튀긴다.

8

깊은 팬을 뜨겁게 달군 후 1차 소스 재료를 모두 넣고 센 불에 30초~1분간 볶는다.
* 아이용으로 만들 때는 건고추를 생략해요.

9

녹말물을 제외한 2차 소스를 넣고 센 불에서 골고루 잘 섞으면서 1분간 바글바글 끓인 후 녹말물을 넣으면서 농도를 조절한다. * 기호에 따라 2차 소스의 설탕 양을 조절해도 돼요.

10

⑦의 튀긴 새우, ⑤의 브로콜리를 넣고 골고루 섞은 후 불을 끈다.

풍부한 재료와 맛으로 손님초대에 딱 어울리는
연어 오븐구이와 그릭요거트소스

🥣 2~3인분
🕐 30~35분
    (+ 연어 밑간하기 30분)

명랑쌤 비법 1 부서지지 않게 연어를 옮기려면?
오븐 전용 용기에 구워 그릇째 식탁에 올려도 좋아요. 뜨거울 때는 연어가 부드러워 쉽게
부서지니 살짝 식힌 후 다른 그릇에 옮기고 토핑과 소스를 끼얹어요. 굽기 전 뿌린 빵가루도
수분을 잡아줘 덜 부서지게 하는 역할을 해요. 고소한 풍미도 더해져요.

명랑쌤 비법 2 호두의 떫은 맛 없애기
견과류는 구워서 사용하면 훨씬 고소해요. 캐슈넛 등의 다른 견과류를 넣어도 돼요.
호두는 껍질에서 떫은 맛이 나는데, 물을 2~3번 갈아주면서 삶은 후 물기를 제거하고
오븐 팬에 펼쳐 150℃로 예열한 오븐에서 20분 이상 구우면 떫은 맛, 쓴맛이 빠져요.

- 생연어 400~500g
- 올리브유 2큰술
- 양파 1과 1/2개
- 빵가루 4큰술
- 다진 파슬리 약간

연어 밑간
- 소금 1/2큰술
- 화이트와인 1/4컵
  (또는 청주나 소주, 50㎖)
- 맛술 1/4컵(50㎖)

토핑
- 구운 호두 1/3컵(또는 다른 구운 견과류)
- 방울토마토 7개
- 적양파 1/3개(또는 양파)
- 셀러리 20cm 1줄기
- 바질잎 5장
- 건포도 2큰술
- 화이트와인식초 2큰술
  (또는 양조식초, 사과식초 1과 1/2큰술)
- 꿀 3큰술
- 올리브유 3큰술
- 송송 썬 청양고추 1개분
- 소금·후춧가루 약간씩

그릭요거트소스
- 그릭요거트 100g
- 마요네즈 80g
- 설탕 2/3큰술
- 레몬즙 2/3큰술
- 다진 딜 1/2큰술

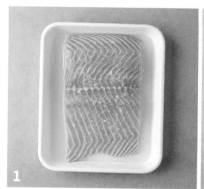

1 연어에 밑간 재료를 골고루 펴 바른 후 30분 이상 냉장실에서 재운다.

2 양파는 1cm 두께로 모양대로 썬 후 종이포일을 깐 오븐 팬에 올린다. 오븐은 180℃로 예열한다.

3 ②의 팬에 밑간한 연어, 올리브유, 빵가루 순으로 올린 후 180℃ 오븐에서 윗면이 구운 색이 살짝 날 정도까지 20~25분간 굽는다. * 연어의 두께, 오븐 성능에 따라 굽는 시간을 조절해요.

4 토핑 재료의 구운 호두는 1cm 크기로 굵게 다진다. 방울토마토는 4~8등분한다. 적양파는 사방 1cm 크기, 셀러리는 사방 0.7cm 크기로 썬다. 바질잎은 1cm 폭으로 채 썬다.

5 볼에 토핑 재료를 모두 넣고 섞는다. 다른 볼에 그릭요거트소스 재료를 모두 넣고 섞는다.

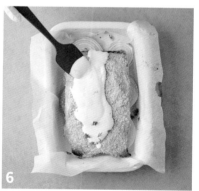

6 오븐에서 꺼내 그대로 한김 식힌 후 소스를 전체적으로 펴 바른다. 토핑 재료를 골고루 올린 후 다진 파슬리를 뿌린다.

<외식보다 다채로운 집밥, 명랑쌤 비법 고기&해물 일품요리>와 **함께 보면 좋은 책**

한 번에 넉넉히 만들어 일주일 편하게 먹기

냉장고에 보관해도 끝까지 맛있는 명랑쌤표 밑반찬

< 집밥이 편해지는 명랑쌤 비법 밑반찬 >
명랑쌤 이혜원 지음 / 160쪽

☑ 볶음, 조림, 절임, 무침까지
명랑쌤만의 비법 레시피

☑ 매콤한 밑반찬을 맵지 않게 만드는 요령으로
온 가족이 맛있게 즐기는 밑반찬

☑ 보관이 중요한 밑반찬
끝까지 맛있게 먹는 보관법

☑ 쫄면장, 볶음된장 등 SNS에서 핫했던
명랑쌤표 만능 양념까지

> " 가족들 삼시 세끼
> 밥상 챙기는 게
> 제일 큰 고민인 주부입니다.
> 그중에서도 반찬이 제일 힘들었는데
> 고민이었던 부분이 싹~
> 해결되었어요."
>
> - 온라인 서점 YES24
> 나* 독자님 -

늘 곁에 두고 활용하는 소장 가치 높은 책을 만듭니다 레시피팩토리

홈페이지 www.recipefactory.co.kr

구하기 쉬운 재료와 양념으로 만드는 깊은 맛의 비법 밑국물

☑ 실패 없이 제대로 만드는
명랑쌤이 알려주는 국물요리 비법 레슨

☑ 다시마국물부터 채소, 고기육수까지
감칠맛 책임지는 밑국물 표 별도 수록

☑ 주재료는 다르게, 양념과 부재료는 비슷하게
남는 재료 없이 매일 다른 국물요리

☑ 한 방울도 버리지 않고 맛있게
남은 국물요리 보관법, 맛있게 데우는 법

< 집밥이 더 맛있어지는 명랑쌤 비법 국물요리>
명랑쌤 이혜원 지음 / 160쪽

외식보다 더 편하게, 맛있게 즐길 수 있는 별미 한 그릇 집밥

☑ 솥밥, 덮밥, 볶음밥, 김밥, 면 요리까지
명랑쌤만의 비법 맛내기 노하우

☑ 촉촉한 밥 짓기, 쫄깃한 면 삶기 등
탄탄한 기본을 위한 명랑쌤 비법 레슨

☑ 두루 활용할 수 있고 입맛을 돋우는
양념간장과 곁들임 간단 반찬

☑ 풍부한 맛, 다양한 응용을 위한
각종 양념과 소스들, 대체 재료 소개

< 외식보다 맛있는 집밥, 명랑쌤 비법 한 그릇 밥과 면 >
명랑쌤 이혜원 지음 / 160쪽

▌외식보다 다채로운 집밥

명랑쌤 비법
고기&해물
일품요리

1판 1쇄 펴낸 날	2024년 2월 15일
1판 2쇄 펴낸 날	2024년 3월 13일

편집장	김상애
디자인	원유경
사진	박형인(studio TOM)
스타일링	지수정(모하스타일링)
기획·마케팅	엄지혜

편집주간	박성주
펴낸이	조준일

펴낸곳	(주)레시피팩토리
주소	서울특별시 용산구 한강대로 95 래미안용산더센트럴 A동 509호
대표번호	02-534-7011
팩스	02-6969-5100
홈페이지	www.recipefactory.co.kr
애독자 카페	cafe.naver.com/superecipe
출판신고	2009년 1월 28일 제25100-2009-000038호

제작·인쇄	(주)대한프린테크

값 19,800원

ISBN 979-11-92366-34-0

Copyright © 이혜원, 2024
이 책의 레시피, 사진 등 모든 저작권은 저자와 (주)레시피팩토리에 있는 저작물이므로
이 책에 실린 글, 레시피, 사진의 무단 전재와 무단 복제를 금합니다.

* 인쇄 및 제본에 이상이 있는 책은 구입하신 서점에서 교환해 드립니다.